教えてゲッチョ先生！

昆虫のハテナ？

盛口 満
Mitsuru MORIGUCHI

エゴツルクビオトシブミのようらん

【おもしろい虫】
オトシブミ

葉っぱを巻いて、ようらんを作る。
産み込まれた卵からかえった幼虫は
ようらんを内側から食べて成長する

①葉に切り込みを入れる
②主脈を少しだけ残した
③葉を二つ折りにする
④葉の先から巻き始める
⑤穴をあけ産卵する
⑥端を折り込みさらに巻く
⑦少しずつ力強く巻く
⑧ほどけないように折り返す
⑨1時間半くらいで巻き終わり、最後に切り落とす

【きれいな虫】チョウ・ガ

クスサンの幼虫。白くて長い毛が目立つ毛虫。
シラガタロウともよばれている

ヤママユの成虫。
明るい黄色の翅を広げると10センチ以上になる大きなガ

クヌギの樹液を吸うフクラスズメ。
チョウとガはストローのような口をしている

カラスアゲハの翅のクローズアップ。
鱗粉が屋根瓦のようにきれいに並ぶ

サナギタケ。
地中に潜むガの蛹に
とりつくキノコ。
地上にオレンジ色の
子実体をのばす

【こわい虫】冬虫夏草

ヤンマタケ。
トンボの成虫に
とりつくキノコ。
沢沿いに張り出した
木の枝などで見つかる

枯れ木の中で越冬する
キイロスズメバチ。
春には新女王バチとして
活動する

ヤマケイ文庫

教えてゲッチョ先生！

昆虫のハテナ

Moriguchi Mitsuru

盛口 満

Yamakei Library

虫って何？

「虫ってどんなのか知ってる？」僕の学校で高校生のキカにそう聞いてみた。
「カブトムシでしょ、あとそのメスとか」
「あとは？」
「うーん、ハエ、チョウ、アリ。あーっカタツムリ。それからゴキブリ、クモ、アブ、カエル、オタマジャクシ、メダカ……」

できるだけだまって聞いているつもりだったが、さすがに「メダカ」と聞いて声が出た。その反応を見て、キカも慌てて「メダカは違った。カエルまで」なんて言い直す。このキカの「虫」は生徒たちの認識を顕著に表している例だと思う。

生徒たちの使う「虫」という言葉の中身は、ほとんど江戸時代の本草書の内容と変わらない。本草学ではちゃんとカタツムリもカエルも「蟲《むし》」の部類に入っている。古くからの日本語の用法でいえば、キカはけっして間違ってはいないのだ。

生徒たちの素朴な疑問や表現には思わず笑わされる。でも笑った後でよく考えると、自分でも「わかったつもり」になっていることがたくさんあることに気づかされる。そんな生徒たちがくれた疑問を出発点に、虫を見てゆくことにしよう。

目次

第2章　恐虫記 …… 71

第3章　嫌虫記 ……121

第4章　育虫記 ……171

第1章　探虫記

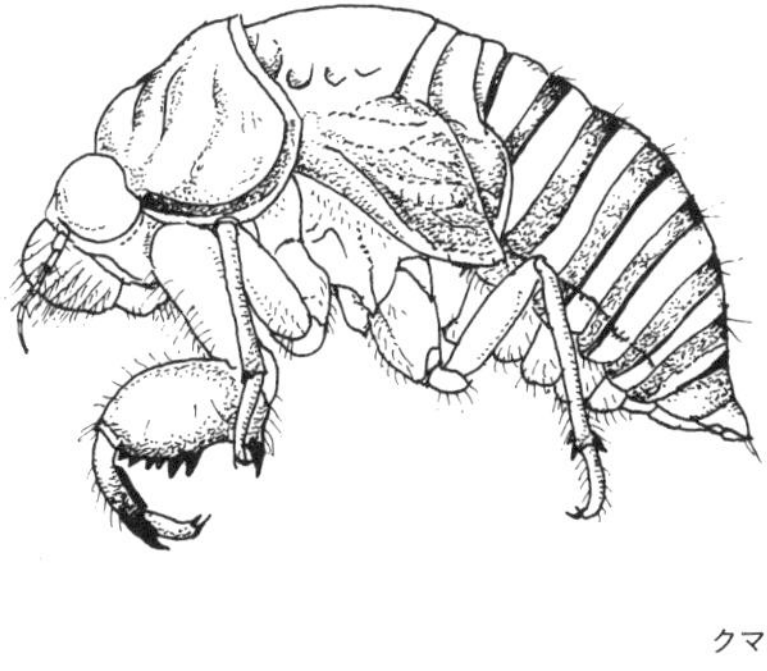

クマゼミのぬけがら

フナムシってゴキブリなの？

【虫の分類①】


「ねえ、フナムシってゴキブリなの？」

授業中、生徒のひとりにそう聞かれた。

ゴキブリはいわずと知れた嫌われもの。

「カサカサ動くのがイヤ」

「あの触角がダメ」

「飛んでくるのが怖い」

生徒たちに言わせると、その理由はいろいろある。そして「飛ぶ」ことを除けば、フナムシの体形や動きはゴキブリを連想させるにふさわしい。卒業生のノリトが、「今住んでいる家は海っぺりに建っているけど、ときどきフナムシが家の中に入ってくるよ」と言っていたことがあった。こうなるとまんまゴキブリだ。それでももちろんフナムシはゴキブリの仲間ではない。

フナムシにムシがつくのは、先にも書いたけれど、日本語の用法にのっとっている。名前に虫とつく生物にはじつに雑多な生物がいるけれど、そのなかで特に虫っぽいのは節足動物という名でくくられる生物たちだ。

クモ、サソリ、ムカデ、ダンゴムシ、カニ、エビ、ゴキブリ。

これらはすべて体に節を持つ節足動物だ。ではこのなかでゴキブリ、つまり昆虫にいちばん近い生物はいったいどれかおわかりだろうか。

ちょっと意外かもしれないけれど、これはクモやムカデといった陸上でみられる節足動物ではなく、カニやエビといった、水域で多様な種類がみられる甲殻類と呼ばれる動物たちであることが、最近の遺伝子の研究で明らかになった（かつては、体の構造の比較から、ムカデが昆虫に最も近縁のグループだと考えられていた）。

甲殻類は水域で繁栄している動物群であるけれど、そのうちの、ごく一部は陸上にも進出するようになっている。それがワラジムシの仲間（等脚類）であり、ダンゴムシやフナムシもこの仲間の一員だ。フナムシはつまり、ゴキブリよりも、カニに近い。

ワラジムシの仲間でも、現在、水中で暮らす種類は少なくない。深海底に生息する人気者、オオグソクムシもそうしたものの一つだ。フナムシの場合は、陸上生活者といっても、海岸端でしか見ることはできない。このフナムシの仲間のヒメフナムシは、内陸の林の落ち葉の下にまで進出している。ただし、ヒメフナムシは湿った林内を好み、林が乾燥してしまうと姿を消すという。フナムシたちは、やはり完璧に陸上生活に適応しきっているとはいえない。でもそうなると、フナムシが入ってくるというノリトの家とはどんな家だったのだろう。今度はそんなことが気にかかる。

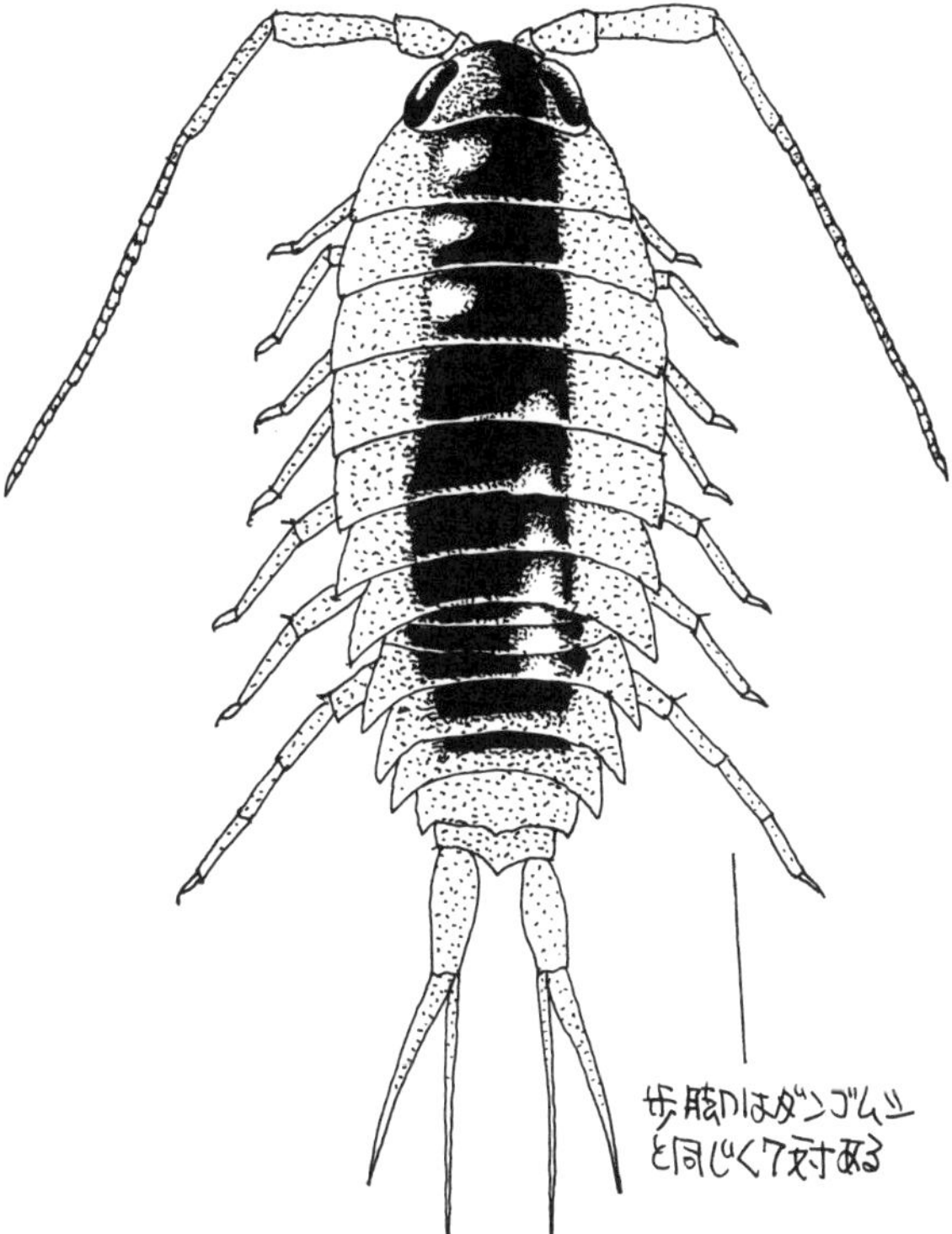

フナムシ（15mm）

ガとチョウってどこが違うの？

【虫の分類②】

僕のところにやってきた高校生のフーマとトモコが「ガとチョウってどこが違うの？」と聞いてきた。そこで逆にふたりに「どこが違うと思う？」と聞き返してみた。

「翅をピタッとするのがチョウだって聞いたことがある」

「体の太さじゃないの。ガってデブじゃん」

「ガはあと粉まき散らすよね」

「あと柄とか」

「ガは柄がやらしい。美的センスない」

ガが聞いたら怒りだしそうな話だ。

「わかった。ガは夜行性。よく電球とかたかるじゃん。チョウはお花に止まるじゃん」

「ガは毛が生えてるし、触角がびよびよになってるよ」

「ガのほうが短足だよ。それに花の蜜吸わないんだよ」

「じゃあどうやって生きてるの？」

「木にたかって生きてんじゃん？」

「やっぱり毛じゃない？　ガは翅にも毛が生えてるよ」

「あっガって男性的なんだ。ガは男性ホルモン多いとか」

だんだん漫才になってきた。

ガとチョウの違いは何か。

これは探してみると決定的な「コレ」というものがない。

じつは翅を立てて止まるガもいる。毛の生えているチョウもいるし、昼行性のガや、花の蜜に来るガもいる。その柄だけ見たらチョウと間違えてしまうほど美しいガもいる。

もともとガとチョウは、昆虫類のなかの同じチョウ目の一員だ（チョウ目とはいうものの、含まれる種類数からいったらガのほうが圧倒的に多い）。同じ目に所属しているということは、共通の先祖から進化してきたということ。そしてその歴史のなかで、ガの一員から昼行性の種類としてチョウの先祖が生まれ、さまざまなチョウにまた進化していった。だからチョウが分かれた後も、ガの仲間で昼行性のものが再び進化したら、分類的にはチョウのグループではなくても、見かけはチョウそっくりになったりする。チョウとガの違いは、単にいつ本家から分家したかということにすぎないのだ。

南米産のシャクガモドキという見かけはどうみてもガそのものの仲間は、じつはチョウではないかと考える研究者もいて、この進化の分かれ目もまだはっきりしていない。ガとチョウの違いは単純なようで、奥が深かったりもする。

ガのイメージといったら…
やっぱりこんなの
う〜ん

トンボのようなガ？

【虫の分類③】

「翅がセミみたい。これ新種？」ミワが言う。

「寮に変な虫来るの。翅がトンボみたいなの。でもガみたいなの」とサク。

「おなかがトンボみたいでひどくトロかった。珍しい虫？」とヤスコ。

「ムカデに翅が生えたようなやつ」「カマキリの仲間？」こんなふうな表現にも出会った。これがみんな同じ虫のことを言っている。

生徒たちは虫を見たときに、なんとか自分の知っている虫のワクに収めようと努力をする。その結果がこんなふうにさまざまな表現を生む。自分の中にあるワクに収まらないと思った生徒はもっと端的に表現する。

「これ、異世界の虫だよ」

シンはそう言ったのだ。

学校の寮の明かりにはいろいろな虫たちがやってくる。そして夏場になると、彼らにこんなふうに評されるヘビトンボの成虫が飛んでくることがある。

「ヘビトンボ？　何それ」

生徒たちはそう聞き返す。結局、図鑑に載っている名前を聞いても、生徒たちにとってはこの虫の収まるワクは見当たらないのだ。

「ゲッチョ、よく触れるな。怖いぜ」

僕より体の大きい男子高校生たちも、このワクに当てはまらぬ虫にはたじろいでいる。

ヘビトンボの幼虫は水生昆虫である。

ある日ゲンが学校近くの川で、「怪しい虫を捕まえてきた」と言って持ってきたのがこのヘビトンボの幼虫だった。ヘビトンボは幼虫もまた「怪しい」と形容されてしまう。細長く、体の後部にエラのついた幼虫はそれこそムカデのように見える。そして頭部には発達したアゴを持つ。この強力なアゴで、ほかの水生昆虫を捕らえてえじきにするのだ。狭い容器に2匹幼虫を入れると、たちまち共食いを始めてしまう。

この凶悪な面相の幼虫を、かつては「マゴタロウムシ」と称して串に刺して干し、子供のカンの虫の特効薬として利用していたという歴史がある。どう見ても食欲をそそらぬ姿ではあるのだが。

ヘビトンボの成虫は夏期に出現する。ヤスコの言うように、飛び方はあまりうまくない。この成虫にも立派なアゴがある。そしてこの成虫は、幼虫時代のように肉食なのか、ということはじつはよくわかっていない。「樹液に来ることもあるが、樹液をなめに来たのか、そこに来た虫を襲うのかはわかってない」と僕の虫の師匠にあたるスギモトさんに聞いた。

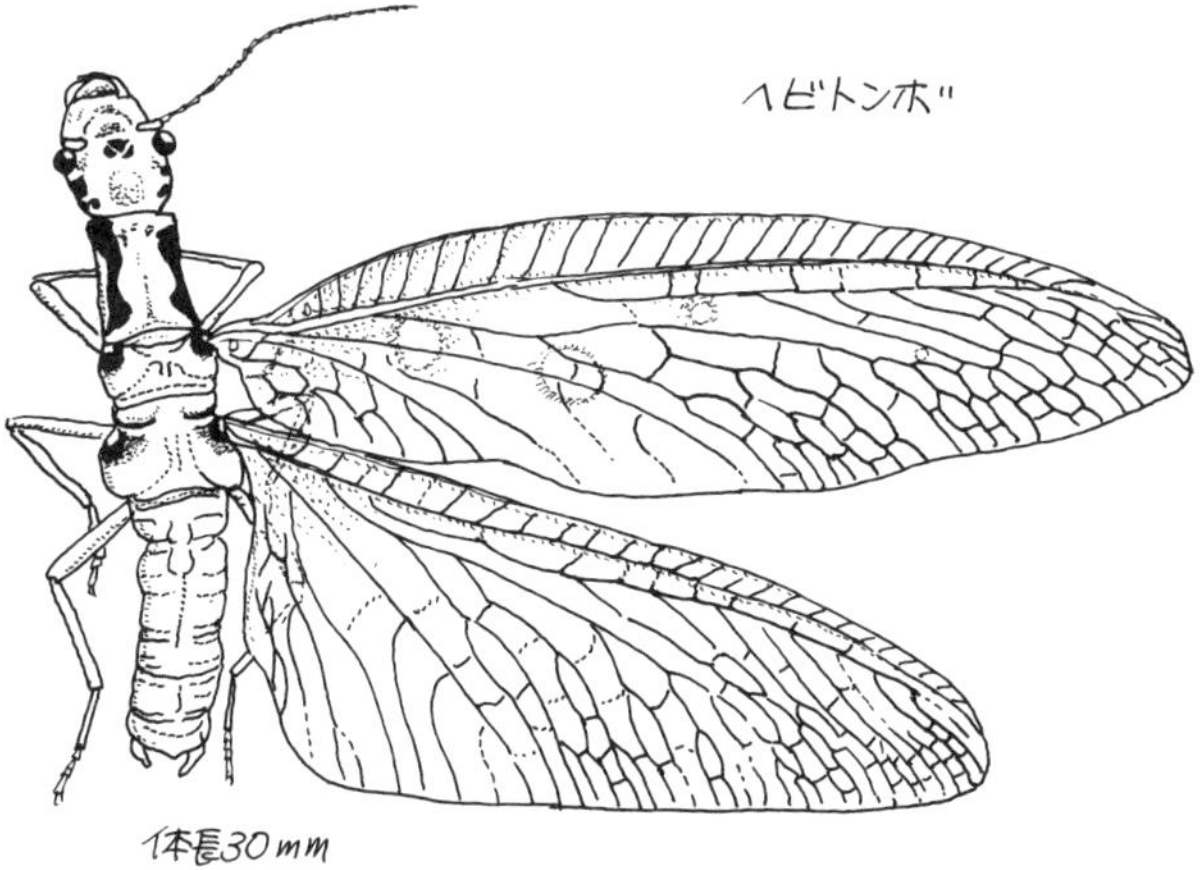
ヘビトンボ
体長30mm

ヘビトンボって？

【虫の分類④】

ヘビトンボの成虫は、幅広の透明で脈のたくさん入った翅を持つ。生徒の言うところのセミみたいな翅だ。腹は柔らかくて細長い。そんなところから、トンボっぽいという連想を生む。ではこうした寄せ集め的イメージを持たれるヘビトンボはいったい何の仲間なのだろうか。

「顔がトンボっぽいけど、新種のガみたいなの見つけた」

イガランがそんな話をしてくれる。話だけではよくわからないので絵に描いてもらう。イガランの見た「トンボモドキ」には頭部に先端がふくらんだ長い触角がついていた。もちろんトンボにはこんな触角はついていない。この虫はツノトンボ。この妙な虫もまたヘビトンボの仲間だ。

あるときツノトンボの卵を手に入れたことがある。草の茎に固めて産み込まれた楕円形の卵だ。それをフィルムケースに入れておいたのだが、孵化してきた幼虫を、実体顕微鏡で見てそのあまりの異形ぶりに驚く。

まず長いアゴが頭部から延びている。その頭部には左右に出っぱりが突き出ていて、そこにいくつの単眼が散らばっている。頭部に続く胴体には、筋ごとに側方に突起が延び、その突起にはトゲが生えている。

しかしよく見れば、この形は何かの虫に似ていなくもない。そう、大きなアゴを持ったこの虫は、アリジゴクに似ているのだ。ウスバカゲロウの幼虫のアリジゴクも頭部から強大なアゴを生やし、頭から突き出たところに目を持っている。腹部から突起が延びていないぐらいの違いなのだ。

ツノトンボの幼虫はアリジゴクのように巣穴は作らない。単独で待ちぶせしつつ、エサとなる小さな虫を狩る。こうしてみると、ヘビトンボの幼虫も、アリジゴクを細長く伸ばし、腹部にエラをつけ水生にしたといえなくもない。いずれも肉食性なのである。

ツノトンボ、ヘビトンボ、それにアリジゴクの成虫であるウスバカゲロウはすべて同じ昆虫の仲間だ。薄い翅に多数の脈を持つこの仲間を脈翅類（アミメカゲロウ目）と呼ぶ。

「アリジゴクって巣の中で脱皮すんの？　脱出できるの？」

キッキがそう聞いてきた。脈翅類にはもうひとつおもしろい特徴がある。さなぎの脚が自由に動き、歩けるということだ。アリジゴクも土中の巣からさなぎが地表へ移動し、そこで成虫が羽化するのである。ヘビトンボはさなぎに触るとアゴでかみつく。脈翅類の面々は、まったく奇妙な連中だ。

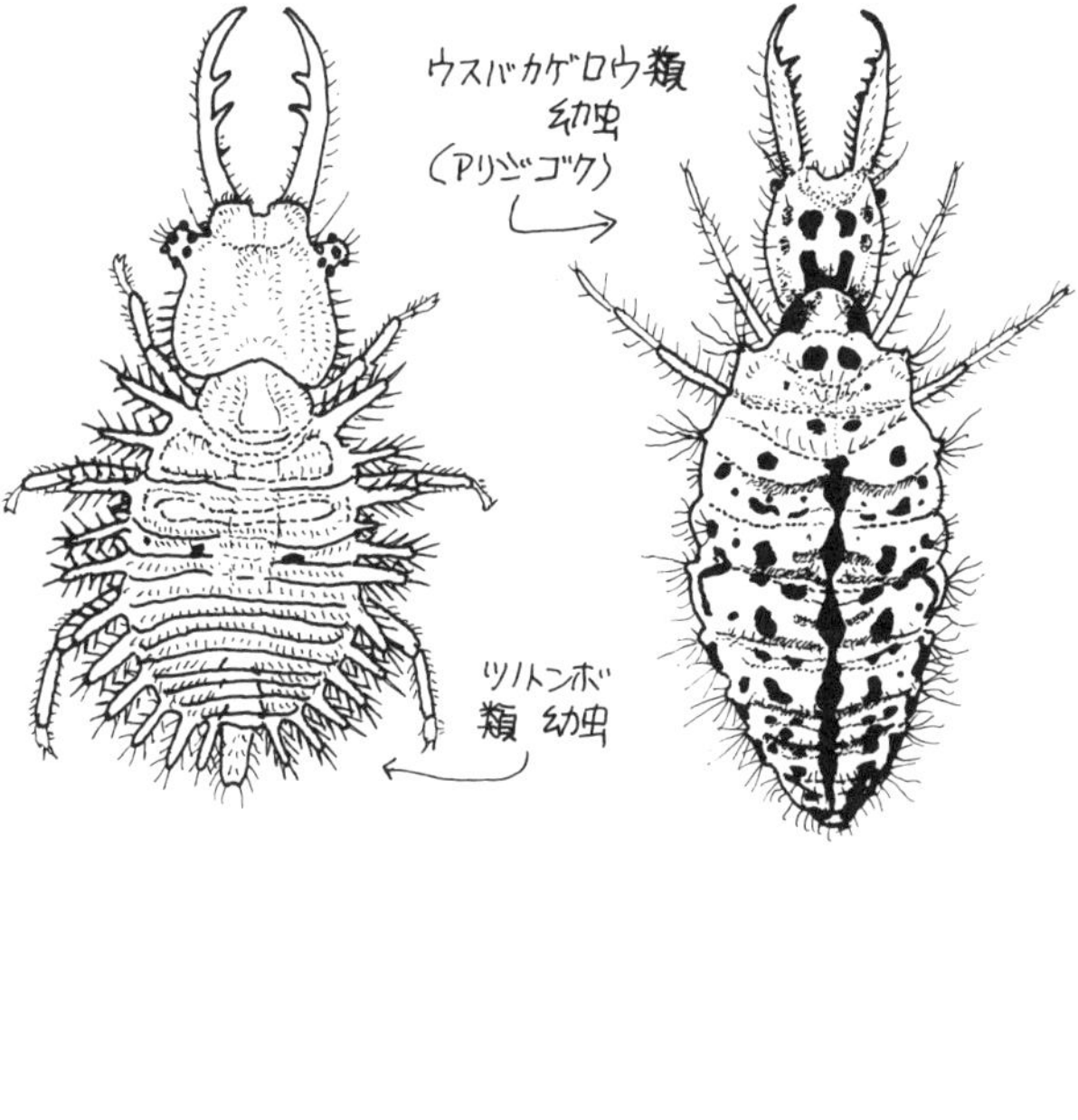
ウスバカゲロウ類
幼虫
（アリジゴク）
ツノトンボ
類 幼虫

カメムシって何種いるの？

【虫の種類】

「おれら寮の人間、カメムシ臭いって言われるよ」

ひとりの男子寮生が憮然として僕に言った。

僕の学校の男子寮のひとつがスギ林に囲まれた山の中にあった。晩秋になるとこの寮の建物に冬越しのためカメムシたちが集まってくる。寮生たちにとってはこのカメムシたちは迷惑千万なやつであった。

続けて彼は僕にこう聞いてきた。

「カメムシって何種いるの？　あのBB弾みたいなのと大きいのの2種しか知らないけど」

ここで彼の言うBB弾カメムシは、クズによく付いている小型のマルカメムシのことだ。そして大きいカメムシというのはクサギカメムシ。寮に入ってくるカメムシの代表選手である。

日本のカメムシがこの2種しかいないわけはない。でもさて何種か、となると僕も即答できなかった。

昆虫はいくつかの目と呼ばれるグループに仲間分けされている。そのうちカメムシはカメムシ目に所属する。

カメムシ目はさらにカメムシ亜目、ヨコバイ亜目、セミ亜目などに分けられる。このうちヨコバイ亜目にはアブラムシなども含まれる。一方、カメムシ亜目のうち陸生のものをカメムシと呼んでいて、それ以外にアメンボやタガメといった水生のものがこの仲間に入る。

『日本原色カメムシ図鑑』(全国農村教育協会)なる本があって僕は重宝しているが、この本には353種類のカメムシが載っているものの、それは既知種のほぼ半数に当たる、と書いてある。つまりおおよそ700種ぐらいカメムシは知られているが、なお知られていない種もある、ということだ。カメムシだけでこんなに種類がいるのである。

さて、では現在知られている日本の昆虫で、いちばん種類数が多いグループは何かおわかりだろうか。

1位甲虫目　9131種
2位ハエ目　5298種
3位チョウ目　5173種

（『昆虫の生物学』玉川大学出版部より）

カメムシ目は、ヨコバイ、セミを合わせても第5位だ。そしてそれぞれにまた、膨大な未知種が加わる。世界の昆虫の全種数ともなると、まったく推測の域を出ない。

「生まれ変わりがあるとしたら、昆虫に生まれる確率は高いよ」

僕は授業で生徒にそう言うことにしている。

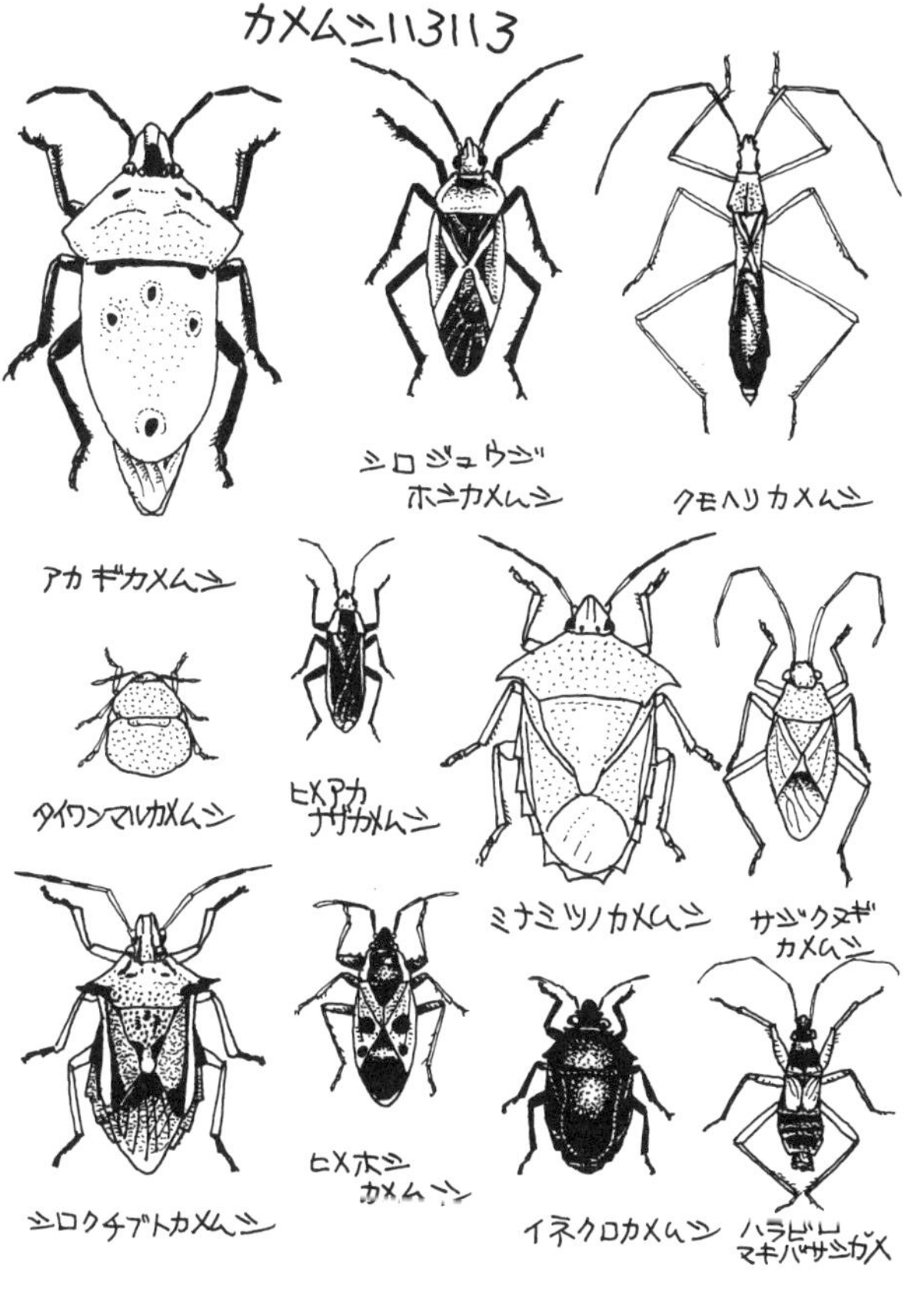
カメムシいろいろ
アカギカメムシ
シロジュウジホシカメムシ
クモヘリカメムシ
タイワンマルカメムシ
ヒメアカナガカメムシ
ミナミツノカメムシ
サシクヌギカメムシ
シロクチブトカメムシ
ヒメホシカメムシ
イネクロカメムシ
ハラビロマキバサシガメ

雄と雌はどうやって出会う？【虫の一生①】

生物好きの中学生タケちゃんが、ウスタビガの成虫を捕まえて僕のところに持ってきた。

このガはヤママユガの仲間で、ガとしては大きい部類だ。黄土色の翅を持ったそのガを、僕がそのとき担当していた高校3年の教室に持っていく。

「触角太いね。超音波聞けるの？」

エミたちが周りに集まってそんなことを聞いてくる。

昆虫の一生を雄、雌の出会いから考えてみよう。

春先に草原を飛ぶウスバシロチョウというチョウがいる。このチョウの翅は白地に黒い筋が入っているので、色合い的にはモンシロチョウに近く見える。でもこのチョウはじつはアゲハの仲間だ。知人のチョウ研究家のヤマシタさんにならい、ウスバシロチョウの飛ぶ草原で、ひとつの実験を試みた。モンシロチョウとナミアゲハの標本を置いて、30分その脇に座っていたのだ。その間ウスバシロチョウは黒と黄のナミアゲハのほうには10回寄ってきたものの、同じ色合いのモンシロチョウのほうにはただの1回も寄りはしなかった。確かに彼らはアゲハの仲間だ。そしてチョウは視覚で仲間を認識するというが、その見え方は僕らとずいぶん違ったものらしいことがわかる。

では夜行性のガではどうだろう。『昆虫記』で有名なファーブルはある晩、家で羽化したオオクジャクヤママユの雌に、家の外から多数の雄が引き寄せられるしくみの解明の研究を手掛ける。例によってファーブルはさまざまな実験を駆使するが、そのしくみは容易にわからない。においをかぎとるのだろうとの見当はついたものの、普通のにおいなら届かない遠方からもガは引き寄せられてくるし、強いにおいのするナフタリンをそばに置いておいてもガはやってくる。ファーブルは未知のにおいの波動(超臭波とでも呼ぶ?)

があるんじゃないかと仮定までしている。

ガの雌雄が引き合うのは、ファーブルの予想のとおりにおいであったのだけれど（今から50年ほど前にやっと物質として取り出せた）、それは1mgの1000分の1のさらに1億分の1という超微量でオスのガを引きつけるという物質だった。こんな微量で作用を表す物質に、フェロモンという名が与えられた。ガの触角はフェロモンの感知装置なのだ。ただ、さらなる実験結果、フェロモンの有効範囲は意外と狭いということもわかってきている。そこまでは、雄は単に行き当たりばったりに雌を探すらしい。ファーブルが思い悩んだほどの超能力は、ガたちも持ち合わせていないようだ。

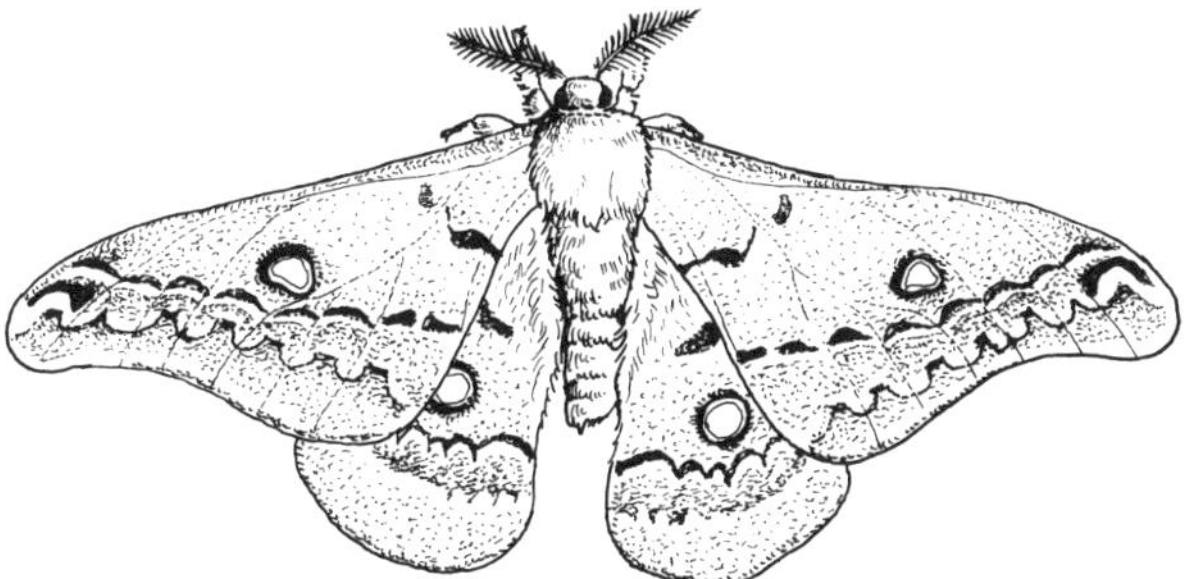

ウスタビガ

眼状紋は半透明.

口も翅もない虫

【虫の一生②】

高校3年生の教室に持っていったウスタビガは、一部で嫌がられはしたけれども、意外に生徒たちはおもしろがっていた。

「ガー子」とエミたちは呼んで「飼う」と言いだす始末である。

翌朝エミたちが僕に聞く。

「ガー子の入れ物に昨日砂糖水を置いといたけどエサそれでいい？」

「ウスタビガの成虫は口ないよ」

「えっ？　なんにも食べれないの？」

エミたちはこれを聞いてえらく驚いている。

チョウの成虫は花にやってくる。ガの成虫のなかにも花や樹液にやってくるものがいる。その一方で成虫になると口が退化してもう何も食べないものもいる。彼らは幼虫時代に蓄えた栄養だけで短い成虫期間を終えるのだ。そんな虫の一生は、生徒たちから見ればまことに理解に苦しむものだ。他のガを例にとってもう少し考えてみよう。

生徒のなかで数少ない昆虫少年だったイシイ君は、ほかの生徒と違って変な虫を見つけるのが得意だった。季節が進んで冬になったとき、彼が校庭の木の幹からフユシャクガの雌を捕まえてきたことがある。そして僕も初めてこのときフユシャクガの仲間を見た。

フユシャクガの成虫は冬に出現する。そしてフユシャクガの雌は口もなければ翅も退化しているというケッタイな姿をしている。

この虫の卵は5月ごろ孵化する。幼虫は葉を食べて育ち、夏には土中でさなぎとなり冬まで眠る。成虫の寿命は2週間ほどだ。彼らの、食べて歩いて、といういわば〝まっとう〟な生活は、数カ月の幼虫期間しかない。

成虫は交尾し、卵を産むだけのためにある。卵さえ産めれば寒い冬に出現しようが、雌が飛べなかろうが、エサが食べられなかろうがいいのだ。おまけに冬場は天敵が少ないし、雌から見たら翅をなくしてその分の栄養を卵に回したほうが都合がいい（雄はちゃんと飛べる）。翅がないほうが、寒い外気で体温が逃げる割合も低くなるだろう……。

まことに合理的ではある。

「何のために生きてるの？　楽しいの？」

口のないガを見て生徒たちはそう僕に言う。

楽しいかどうかは別にして、確かにエサもとらず短命であるというのはやっぱりなかなか理解しがたい生き方だ。その一方で、フユシャクはあえてこうした生き方で命をつないできた。「生き方」というのは本当に多様なものであるわけだ。

フユシャクガの仲間のメス

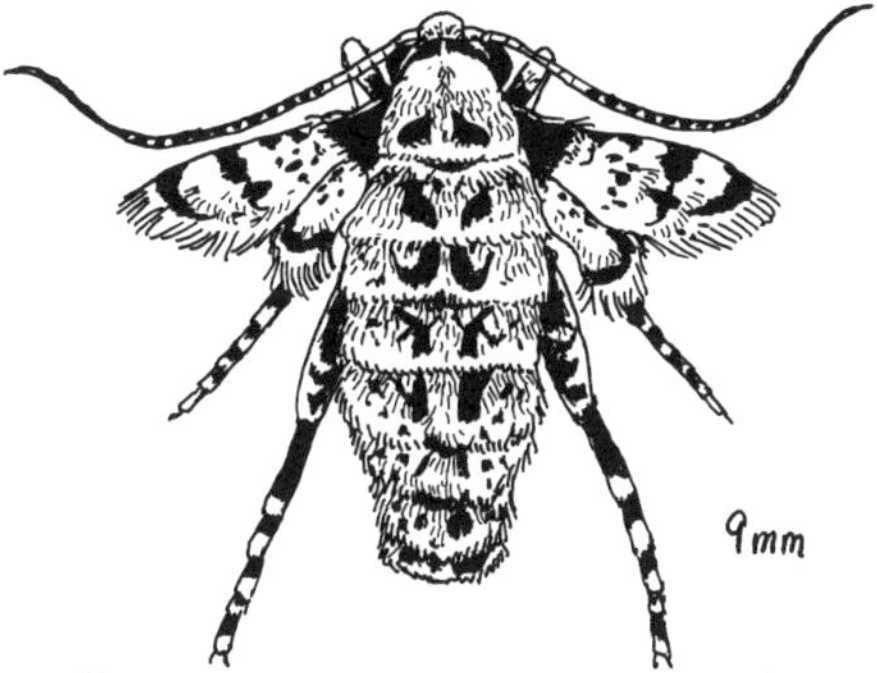

9mm

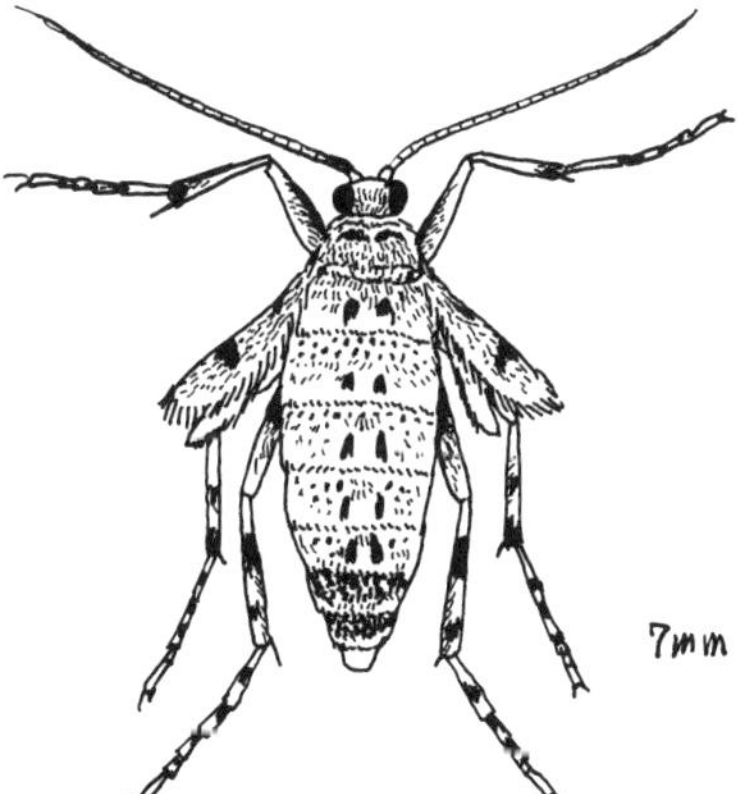

7mm

一生、毛虫の虫

【虫の一生③】

カヨはときどきとっぴょうしもなく僕に質問をする生徒だった。「今日の質問」とかいって僕に生き物の話を聞く。そのカヨがある日僕にこう言った。

「ねぇ一生毛虫のやつっているの？」

これを聞いて笑ってしまった。

生徒のなかにはもっと極端に「毛虫は毛虫」と思っている者がいる。毛虫と成虫であるガが結びついていないのだ。ただ、これには一抹の真理も含む。昆虫は幼虫と成虫で姿、形がまったく異なるものが多いことを物語っているからだ。そしてそのことは、幼虫と成虫の生態も異なっていることを意味し、それが昆虫の生活の幅を広げ、昆虫がこの世の中で繁栄している理由にもなっている。

そこまで考えたときに、カヨの質問を本当に一笑にふしていいものかいささか自信がなくなってきた。なにしろ昆虫には漠大な種類がある。なかには、と考えたのだ。

一生毛虫のまま、ということは幼虫のまま次の世代を生み出すという話である。考えてみても、毛虫、つまりはガの仲間にそんな生活をしているものは見当たらない。

ところが範囲をもう少し広げて見てみると、そんなやつがいるにはいたのである。

スティーブン・J・グールドの『ダーウィン以来』（早川書房）に紹介されている、キノコバエがそんな虫だ（ただしキノコバエは、ハエとはいいつつも外見はカに似ている）。

この虫の幼虫はキノコを食べる。小さなキノコバエ幼虫にとって、キノコは巨大な食料だ。一方でキノコはしばらくすると腐って消滅してしまう短期的な食料でもある。そのためキノコバエは、キノコが周りにあるうちは、成虫になるのを省略して、幼虫が幼虫を生んで爆発的に増えるという方式をとった。あるキノコバエの一種では、わずか1回の脱皮の後、幼虫が5日間で38匹の子供を生むという。

このキノコバエも食料であるキノコがなくなってしまうと、さなぎから翅のある成虫へという一般の昆虫の変態コースをたどる。だから長い目で見れば、キノコバエも幼虫の姿のまま、ライフサイクルを回し続けているわけではないわけだけど。

あるとき、知人から野生のマイタケをもらったことがある。喜んで食べたら味が妙だった。しげしげと炒めたものを見てみたら、外皮だけがマイタケで、その中身はほとんどキノコバエの幼虫とその糞に化けていたのだった。キノコバエ恐るべしと思った瞬間だった。

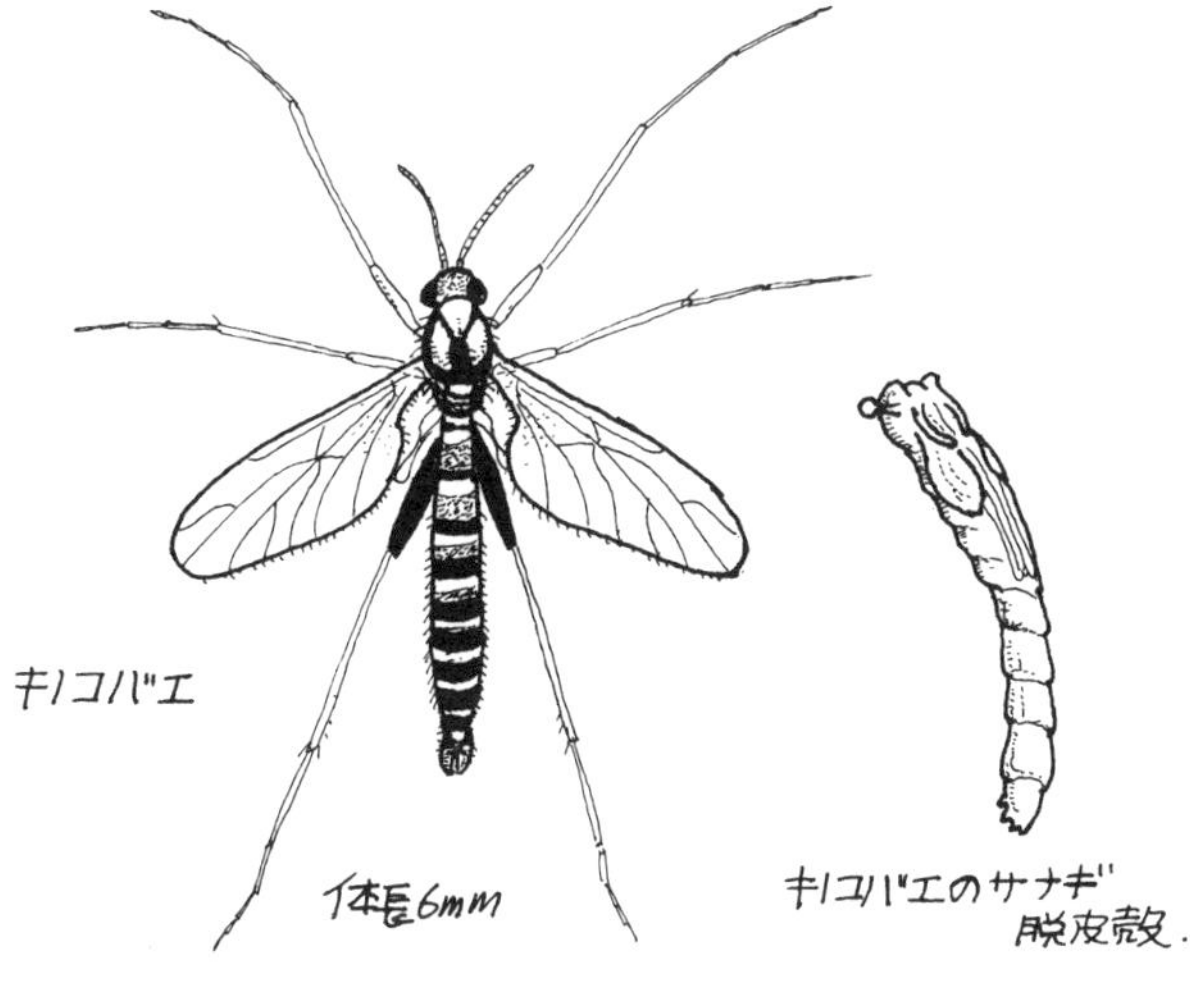
キノコバエ
体長6mm
キノコバエのサナギ
脱皮殻.

カメムシの幼虫ってどんなの？ 【虫の一生④】

寮生のヒャクヘイと話をしていたら、「カメムシの幼虫ってどんなの？」と聞かれた。「小さいカメムシだよ」と答えたら、「ああ、あの丸くて小さいやつ？」と言う。それはマルカメムシという成虫でも小型の種類。カメムシの幼虫に気づかぬ生徒は多いのだ。もっと直接的に、カメムシの幼虫を僕のところに持ってきて、「これ何の虫？」と聞きに来る生徒もときにいた。

生徒たちも、昆虫には完全変態と不完全変態の昆虫がいるのは知っている。でもひとつひとつの虫がそのどっちに当てはまるのかは案外知らない。やはり寮生たちと話をしていたら、寮に越冬にやってきたテントウムシの話になって、卵から小さなテントウムシが出てくると思っている生徒がいるのを知ってびっくりした。

昆虫に近いとされる甲殻類のカニは、孵化したばかりの浮遊生活を送る幼生はあまりカニらしくない。その幼生が脱皮の度に形を変え（変態）、子ガニになる。子ガニは親と同じ姿をしていて、脱皮を繰り返して成長し、成体となる。そして、カニの場合は、成体になっても脱皮を繰り返す。

昆虫の祖先は陸上生活を始めるにあたって、カニにみられたような浮遊生活をする幼生時期を失った。つまり、卵から成虫とほぼ同じ形をした幼虫が生まれ、脱皮を繰り返し大きくなるという成長パターンをとるようになったのだ。そして、昆虫の祖先にあたる生き物は、おそらく成虫になっても、カニのように脱皮を繰り返していただろう（現在でも、昆虫の祖先の姿に近いコムシの場合、成虫になっても何度も脱皮を繰り返す）。こうした成長パターンから、生活史のなかに再度、「変態」を取り入れ、さらに成虫になったらそれ以上、脱皮を行なわなくなったのが昆虫だ。これはなにより、進化の過程で翅が生み出されたことと深く関わっている。

やがて、昆虫はさなぎのステージを取り入れることで、さらに幼虫と成虫の姿を劇的に変化させる技も編み出した。このことは、姿だけでなく、幼虫と成虫で暮らしぶりも大きく変化させることのできる余地を生んだ。

こうした無変態から不完全変態、完全変態への変化は進化の歴史に沿っての変化であり、すなわち、どのような変態の様式をとるかは、昆虫のグループごとに決まっている。つまり、甲虫と呼ばれるカブトムシたちと同じグループの一員であるテントウムシは完全変態の昆虫だ。一方、カメムシは不完全変態の昆虫である。カメムシだって脱皮はするけれど、幼虫と成虫はほぼ同じ姿をしているわけだ。

ヌケガラいろいろ

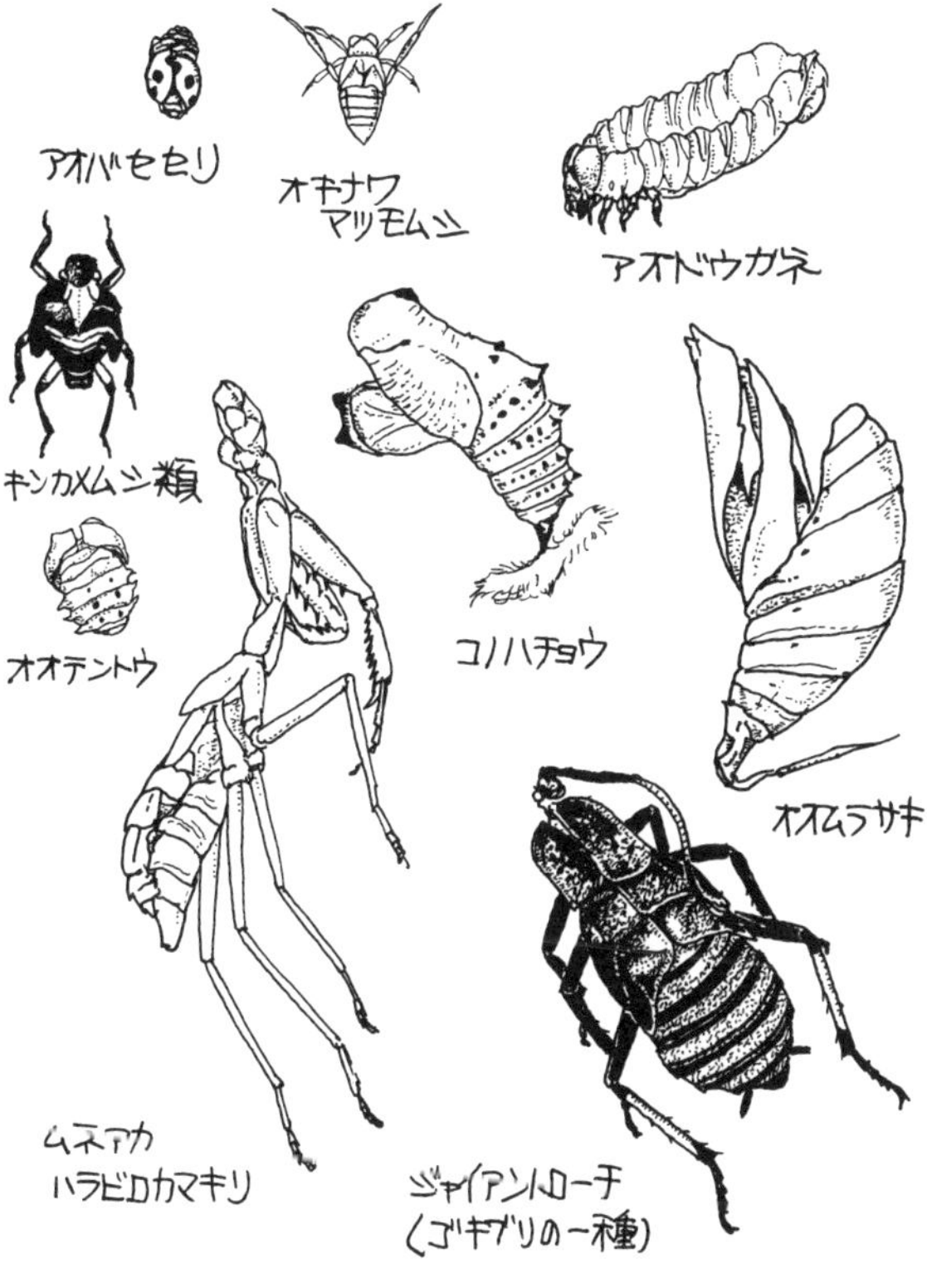

アオバセセリ
オキナワ
マツモムシ
アオドウガネ
キンカメムシ類
オオテントウ
コノハチョウ
オオムラサキ
ムネアカ
ハラビロカマキリ
ジャイアントローチ
（ゴキブリの一種）

鱗粉ってナゼあるの？

【虫の体①】

夏休みに小学生相手の自然教室を開いた。

教室の中での授業、ということだったので、夏の虫をテーマにして何か遊んでみることにした。そこで考えついたのが鱗粉転写だ。

鱗粉というのは、チョウやガの翅についている粉だが、それを薄紙にそっくり写し取るというのが鱗粉転写だ。まず薄紙にロウソクをむらなく塗りつけ、その上に切り離した翅を載せる。翅の裏表ともにロウソクが塗られた部分にあたるように紙を折って、紙の上からスプーンの背でこすれば、鱗粉だけが紙に写し取られるという寸法だ。最後に透明になった翅を取り除いて出来上がり。

ただ、この作業のためだけにチョウを殺すのもなんなので、道端で死んでいたチョウや、鳥に食べられ、明かりの下でバラバラになっていたガの翅を拾い集めてやってみた。どうせだったら、こうした各種のチョウやガの翅を組み合わせて、「世界に1匹だけのチョウ」を作り出してごらんと題を与えてみたのだ。まあ一種の廃物利用である。

「明かりに来たガに殺虫剤かけたら翅の鱗粉が取れて透明になっちゃった。鱗粉ってナゼあるの？　どんなチョウやガでも取れると透明になっちゃうの？」

高校生のウミたちがこんなことを聞いてきたことがある。

鱗粉転写でキレイにすべての鱗粉を紙に移し取るのは至難の技だけれど、こうして鱗粉を取ってしまうと、翅は確かに半透明のペラペラのものになる。鱗粉のひとつひとつは元細胞である。さなぎのとき、この細胞は内に色素をためこむ。やがて羽化するころになると細胞は死に、平べったくなってしまうが、中の色素によって鱗粉ひとつひとつは色づいている。チョウやガの翅の模様は一種のモザイクなのだ。そしてこの色素、じつは幼虫が成長していったときのタンパク質の分解物質からできているという。つまり鱗粉そのものがそもそも廃物利用だったのだ。

チョウの場合は派手な色彩は同種の認識に役立っている。夜行性のガでは翅の色彩を、周囲への隠蔽色として使っているものが多い。でもなかにはこうした鱗粉を捨て去ってしまうものもいる。それが昼行性のガのスカシバ（透し羽）である。彼らは羽化直後は羽に鱗粉をつけているが、やがて鱗粉を振り払って透明な翅になる。種類によっては、黒と黄の胴体とあいまって、ハチそっくりに見えるのもいる。こうしたガが存在するということは、鱗粉はなければ死んでしまう、というものでもないらしい。

翅の透明なガ

◀ コシアカスカシバ
(17mm)

スキバドクガ ▶
(オス)
(14mm)

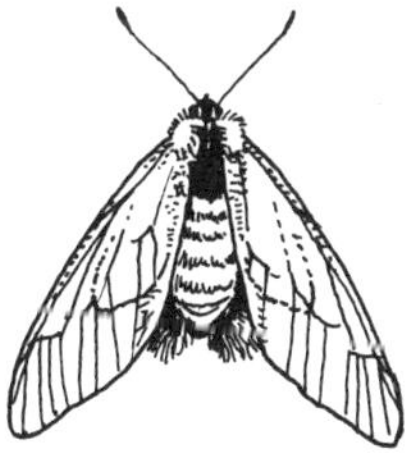

◀ ミノウスバ(メス)
(14mm)

セミのヘソの緒？

【虫の体②】

「ねぇ、セミのヌケガラについている白い糸はセミのヘソの緒？」だれだったかは忘れてしまったけれど、生徒のひとりが僕にそんなことを聞いてきたことがある。

セミのヌケガラは背中がパックリと割れているけれど、そこから白い糸状のものが顔を出しているのを見たことがある人も多いと思う。僕ももちろん見たことはあった。けれど、この生徒が「ヘソの緒」なんて言いだすまではあまり気にしたことがなかった。この後、試しに機会があると「これ何だと思う？」と聞いてみたら、何人かがやっぱり「ヘソの緒？」と言ったので妙に感心してしまった。

「血管？」

「幼虫と成虫をつなぐ何か」

「腸？」

「ヘソの緒」以外に出てきた意見はざっとこんなところだ。そしてまれに「空気の通る管」と正解を言い当てるものがいる。

「アリって息をするの？」

こんなふうな質問をされたこともある。

虫の体は人の体と違いすぎてなんだか息もしてなさそうに思えるようだ。

セミのヌケガラの白い糸の正体をはっきりさせるには、ハサミでヌケガラを縦にまっぷたつに切ってしまうといい。そうすると白い糸が背中だけでなく、おなかの節々それぞれから出ているのが見てとれる。そしてその糸が出ているところの皮の外側を見ると、ちょっとした入口があるのも見つけられる。この入口が気門と呼ばれる空気の取り入れ口だ。そして糸が気管と呼ばれる空気を体内に取り込む管である。

アリもセミも呼吸をする。ただし人間との大きな違いは、口では呼吸をしないことだ。そして肺のように空気を吸い込み、排き出す器官もない。昆虫は体の節々に、それぞれ気門を持ち、そこから直接管が体内に延びて空気を運ぶしくみになっている。イモムシの体を横から見ると、小さな楕円形のこの気門が一列に並んでいるのがよくわかるだろう。そして脱皮のときには器用なことに、この体内に入り込んでいる気管の皮まで一緒に脱ぎ捨てるのだ。

「でもさぁ、セミの幼虫って土の中でしょ。そんなんで息できんの？」

この話をしたら生徒にそう聞き返された。ギクッ。そのとおりだ。

「幼虫は周りにスキマを作ってるんじゃない？」

シドロモドロに僕はやり過ごしたのだった。

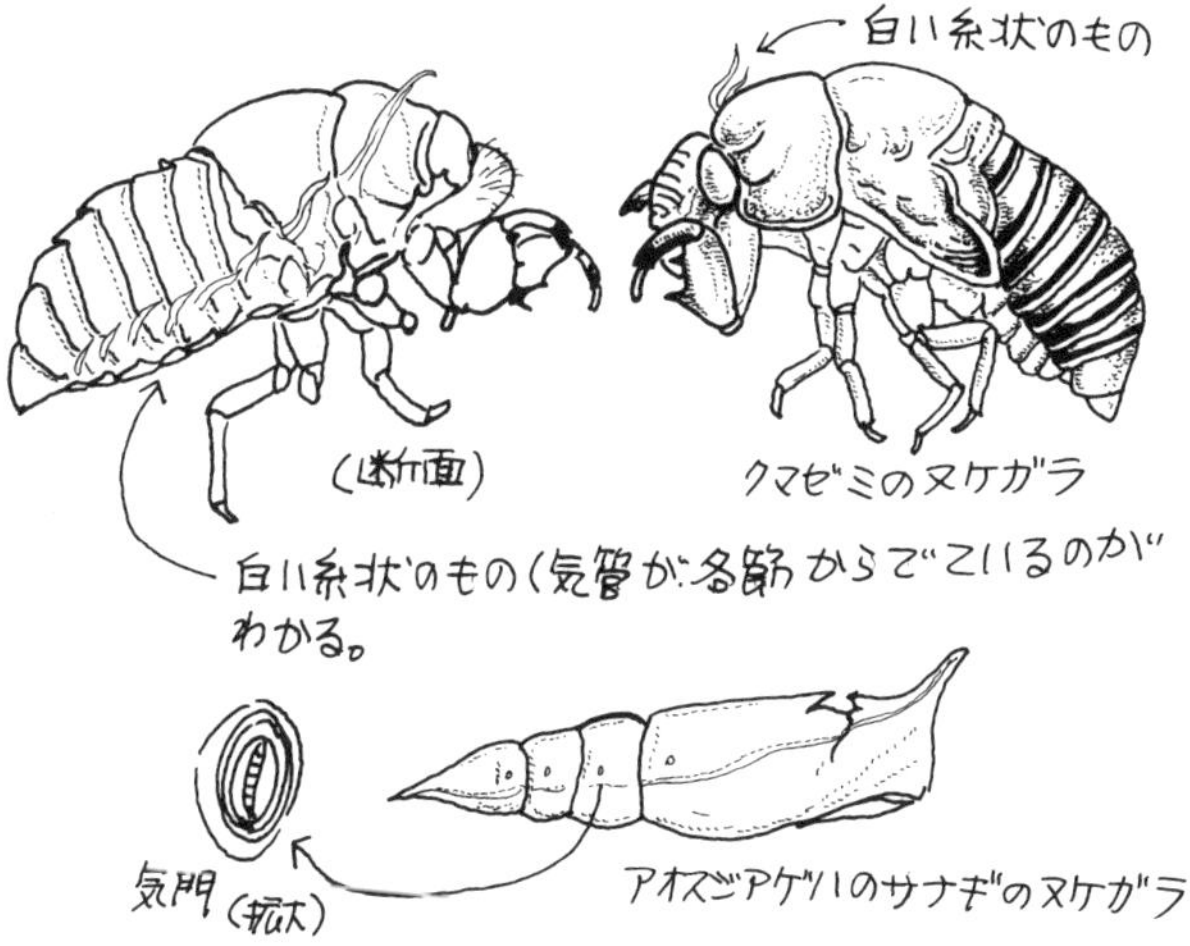
白い糸状のもの
(断面)
クマゼミのヌケガラ
白い糸状のもの(気管が各節からでているのがわかる。
気門(拡大)
アオスジアゲハのサナギのヌケガラ

クワガタの名前

【虫の体③】

埼玉出身のケンセイと話をしていたら、ケンセイが小さいころノコギリクワガタのアゴの小さいのを「ガザミ」と呼んでいた、という話になる。神奈川出身のソウは、同じものを「ギリノコ」と呼んでいた、という。同じノコギリクワガタなのに、子供たちはアゴの大小で呼び名を変えていたりする。子供たちがどんなふうに自然を見ているかということについてのおもしろい例かもしれないと思った。そこであちこちの知人に手紙を出して聞いてみた。

たとえば群馬では小型個体を、「ミソッチョ」と呼ぶ例と「ヒメノコ」と呼ぶ例があることを教えてもらった。小型個体ではなく、逆に大型個体に特別な呼び名がある場合もあり、熊本では大型のを「ツノマガリ」、小型のを単に「ノコギリ」というという。また鹿児島出身の知人も、大型のを「ツノマガイ」(角曲がり)、小型のを「カンバサン」(紙挟み)と呼び分けていたという。

ノコギリクワガタのアゴの大きな個体は、地方によって「ツノマガリ」や「スイギュウ」と呼ばれるように、大アゴが一度外に広がり、そこからぐっと内側に向かっている。一方小型の個体は直線的なアゴで、アゴについている歯も小さい。生物用語でも前者を「長歯型」後者を「原歯型」と呼び分けている(その中間に「両歯型」というタイプを分けることもある。ただしノコギリクワガタでは変化は連続的だ)。

戦前、動物学者の犬飼哲夫がノコギリクワガタのオス1362匹を計測した記録がある。この計測結果を見ると、ノコギリクワガタの雄を体長別に並べると、大と小のふたつの山が現れた。体が大きく、アゴも大きい個体のほうが、普通に考えれば雌を獲得するのには有利に働くはずである。それなのに、体の小さい個体も一定の割合で現れるのはなぜだろう。ひとつには幼虫時代の栄養摂取の量が関係しているといわれている。乏しい餌で育ったものは小さな成虫になるのだ。そしてもうひとつ考えられる要因は、大型の個体がすべての面で有利には働かないということがある。移動力や必要なエネルギー量など、成虫になった後で生きるのに、場合によっては小型のほうが有利に働くときがあると考えられるのだ。またひょっとしたら小型のものは小型なりの交尾のテクニックを持っているのかもしれない。

ただこうした同じクワガタの雄のなかでの多型現象（ふたつのタイプがあること）の謎がすべてわかっているわけではない。ノコギリクワガタは珍しい種類ではないけれど、まだまだ観察されていないことが残っているに違いない。

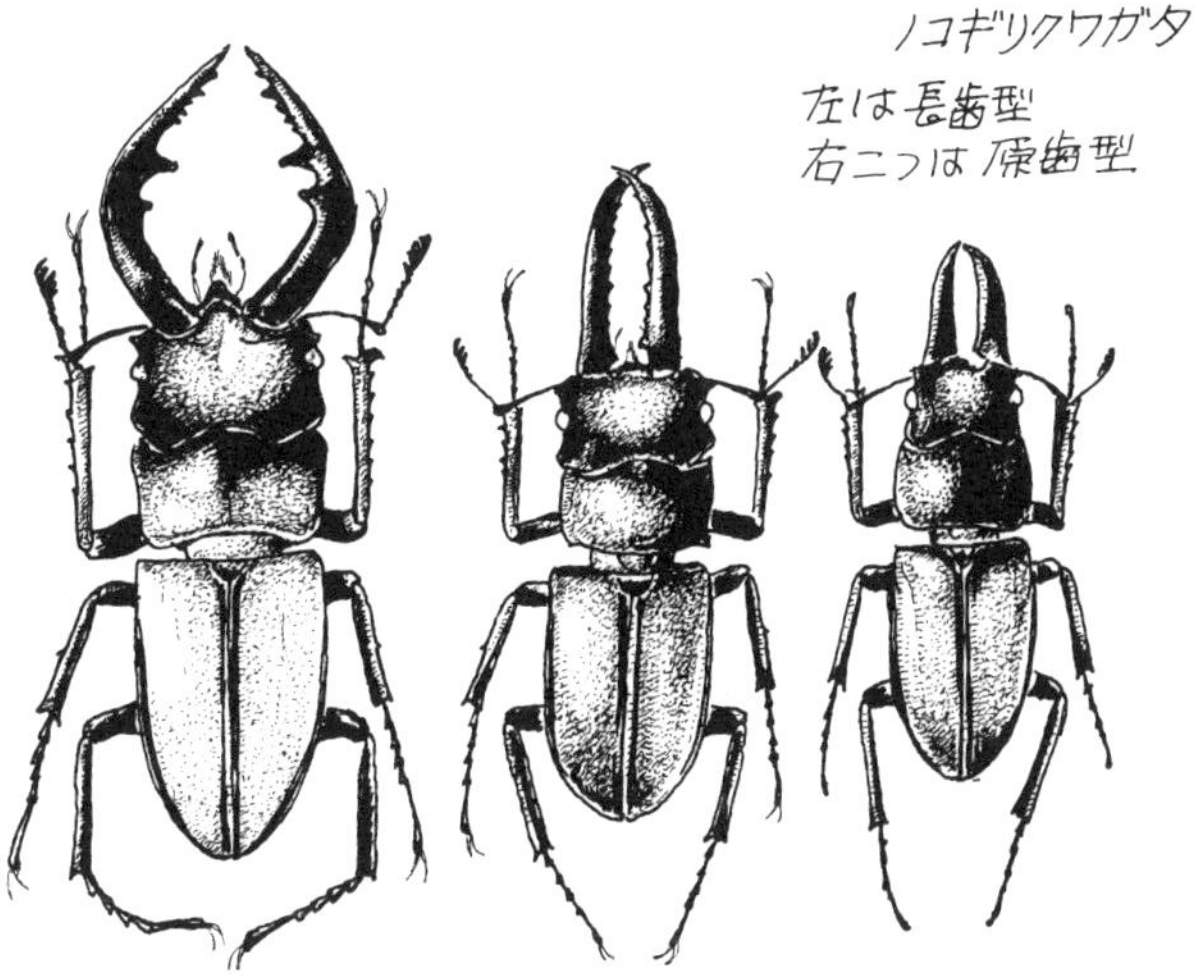
ノコギリクワガタ
左は長歯型
右二つは原歯型

冬虫夏草っておいしいの？【虫の病気①】

「学校のすぐ近くに生えてるなんて」

学校の裏山の雑木林に冬虫夏草を見に生徒を連れていったら、生徒がびっくりしてそう言った。

冬虫夏草は虫に生えるキノコだ。虫に生える、といっても死んだ虫からキノコが出てくる、というのは正しくない。生きた虫に胞子がとりつき、外皮を破って体内に侵入。やがて菌糸が増殖して虫を殺し、その虫の栄養分を吸ってキノコを虫の体の外へ伸ばす。

漢方薬となっている元祖「冬虫夏草」は有名だ。元祖の冬虫夏草は中国産のコウモリガの幼虫にとりついたキノコ。そしてひとくちに冬虫夏草といっても種類もさまざまで、とりつく虫もさまざまだ。セミにつくセミタケも割合に有名だが、甲虫につくものやクモにつくものもある。僕の学校の裏山で発生するのは、このうちガのさなぎから発生するサナギタケとハナサナギタケが主だ。そのほか、オサムシの成虫から発生するオサムシタケと、ミルンヤンマから発生したヤンマタケを1回ずつ見つけた。元祖の冬虫夏草は中国へ行かなければ生えているところを見ることはできないけれど、種類を問わなければこうして案外、里山でも見つかるものなのだ。

冬虫夏草は虫にとっては死に至る病のようなものだ。どうやって野外で虫に胞子がとりつくのかといった細かな点には、まだ不明なことも多い。

ミオとユフキが僕のところにシャクトリムシとハナサナギタケを持ってきて実験を始めたことがある。ハナサナギタケの胞子を振りまいたビンの中に虫を入れてみたのだ。

「これって人間で言えば水虫胞子の舞ってる部屋に入ったような感じ？」

「小さくなってお父さんのクツ下の中に入ったとか」

「うわーっ、クツ下踏むのさえ嫌なのに」

ふたりしてそんなバカな話をしている。

翌朝、ユフキが「1時間ごとに記録とってたけど、なんの変化もなかったよ」と報告に来た。

ユフキの実験は失敗したけれど、現在カイコを使って、実際にサナギタケの人工培養が行なわれ、薬用製品が作り出されている。

「冬虫夏草っておいしいのかなぁ」

そんなことを言う生徒もいたから、中華街で冬虫夏草のスープの缶ヅメを買って食べさせたこともある。ただ、薬効はともあれ、その味は単にダシの効いたトリのスープの味だった。

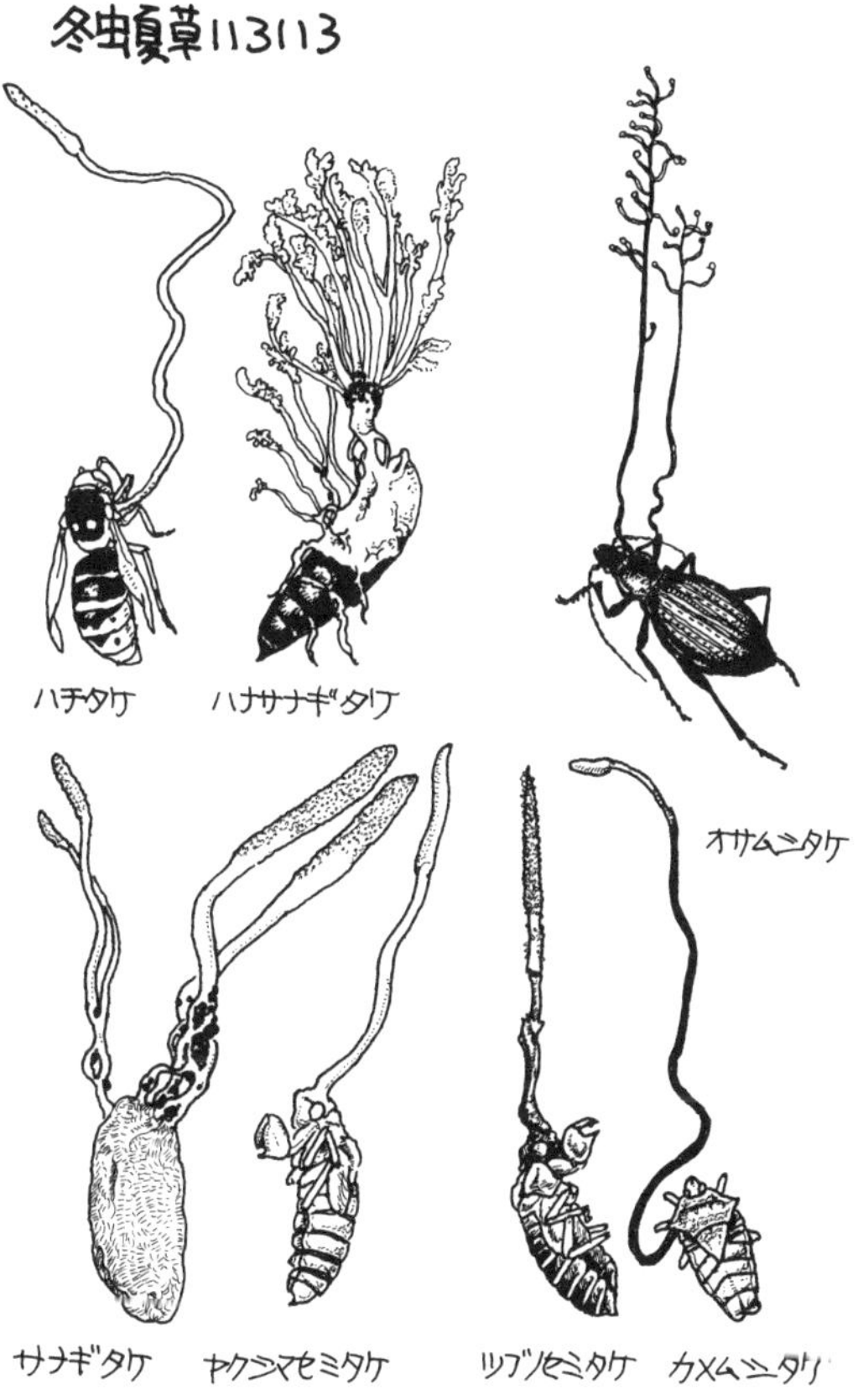
冬虫夏草いろいろ
ハチタケ
ハナサナギタケ
オサムシタケ
サナギタケ
ヤクシマセミタケ
ツブノセミタケ
カメムシタケ

カビの生えた虫の正体

【虫の病気②】

野山を歩いていて、白いカビのようなものが生えた虫が、木の枝などにしがみついて死んでいるのを見たことがないだろうか。

ある日、学校近くの林へ冬虫夏草を探しに行ったミオとユフキが大発見をした、と言って帰ってきた。

「泡噴きカマキリ見つけたの」

「最初卵産もうとして、力んで逆流して、体のあっちこっちから卵の泡が出てきたカマキリかと思ったの。でも目からもなんで出てくんの？　と思い直して」

「もしかしてキノコ？　冬虫夏草を探してて、なくって、最後にこれ見つけて大喜びしたんだよ」

ミオたちの見つけたカマキリには、体の節々に白い菌の塊がついていた。

「残念、冬虫夏草ではないよ」

僕の一言を聞いて、大発見と思っていたミオたちは、ガッカリしている。ミオたちが見つけた菌の正体はボーベリアというカビである。ただし、ただのカビではない。虫にとりついて殺して生えるという、冬虫夏草とまんま同じ生活スタイルをとっている殺虫カビだ。冬虫夏草との違いは、虫の体から、いわゆるキノコを伸ばさないこと。

ボーベリアはさまざまな虫にとりつくが、なかでも有名なのはカイコの幼虫に取りついた場合だ。ボーベリアに侵されたカイコの体内は菌糸が詰まり、水分も減少して硬くなる。そしてこの病気に侵されたカイコの幼虫を干したものは白僵と呼ばれ、これまた漢方薬にも使われるのである。現在では薬だけでなく、害虫の防御に生物農薬としてこのボーベリアを使う試みもなされている。

「えーっ、本当にこれ冬虫夏草じゃないの？」

ミオたち同様、冬虫夏草に興味を持っていたミカコは、ボーベリアの生えていたカミキリムシを見つけたものの、冬虫夏草じゃないよと僕が言うのを聞いてあきらめきれない顔つきをした。そして、そのカミキリムシをシャーレに入れてしばらく培養していた。

こんなふうに、ミオやミカコたちとやりとりをしているときは、僕はボーベリアと冬虫夏草は別物だと思っていた。ところが、何にでも学問の発展はあるものだ。近年ではボーベリアは、冬虫夏草の「あるとき」の姿だということがわかってきた。つまり、条件がよくてきちんと成長するとキノコを生やした、いわゆる冬虫夏草の姿になる。が、条件がそれほどよくない場合、カビ状態で一生を終えることがあるということなのだ。結局、ミカコの試みは的外れな訳ではなかったわけ。

マツ樹皮下の
コカマキリ卵のう.

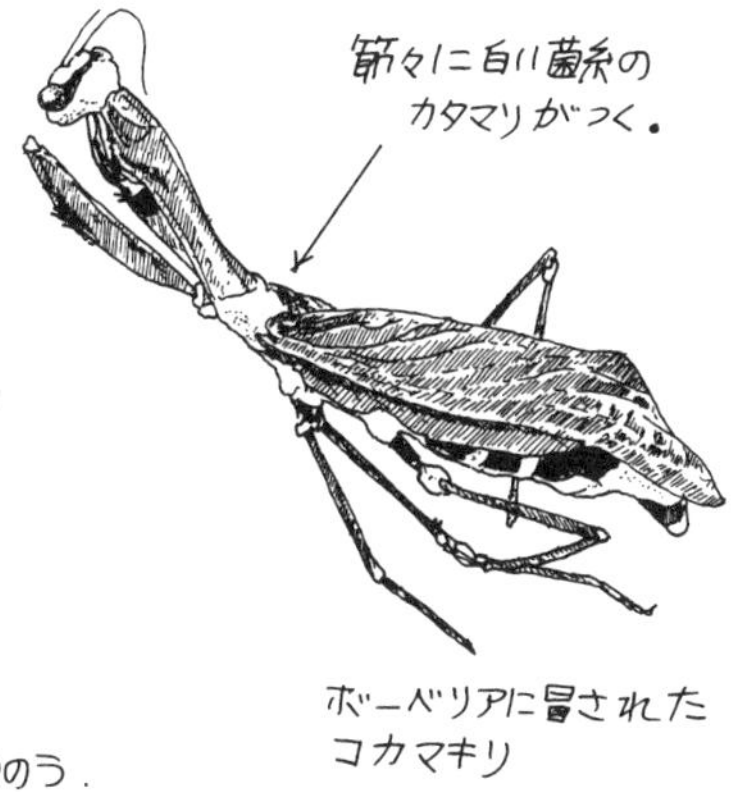
節々に白い菌糸の
カタマリがつく.
ボーベリアに冒された
コカマキリ

バッタの冬虫夏草？【虫の病気③】

中学1年生の女の子が僕のところに来て、「バッタにも冬虫夏草ってつくの？　この前、草にしがみついて死んでるバッタを見つけたよ」と教えてくれた。

冬虫夏草はいろんな虫につくものの、残念ながら日本ではバッタについた冬虫夏草は見つかったことがない。僕はかつてアマゾン川の上流域の林を歩いたことがある。そこではバッタにとりついた冬虫夏草を見つけることができた。これは草にしがみついていたわけではなくて、地面に転がったバッタの腹や脚から黄色の棒状のキノコがニョキニョキと発生しているものだった。この冬虫夏草（今のところエクアドルバッタタケという和名がついている）

は調べてみると、アマゾンではよく知られた冬虫夏草であるらしい。

では、かの女の子が見つけたバッタは何だろう。

沖縄本島の那覇の公園の草地で、僕も同じようなバッタを見た。

このときはあちこちの草の茎の、しかもてっぺんあたりにコイナゴやマダラバッタがしがみついて死んでいた。

公園中の死んだバッタは数えきれなかったのだけれど、ひとわたり見渡してみると、単独で草についていたものが14。2匹でついていたものが5。3匹同じ草の茎についていたものが1。4匹ついてたものも4つ見つかった。

こうして死んだバッタを見ても外見上なんの変化もないように見える。ボーベリアのように白い菌のカタマリも見えなかった。いったいこのバッタはなぜ死んだのだろう。

しばらくこの原因は僕にとっても謎のままだった。ようやく本の中でこのバッタの死因について解答を得る。

桐谷圭治さんの『昆虫と気象』(成山堂書店)の中に、こうしたしがみつきバッタが登場する。そしてこれによれば、犯人はエントモファガ・グリリという糸状菌だと言う。この菌に侵されたバッタは、早朝ゆっくりと植物の上方に登り、茎を抱きかかえて夕方までに死ぬ。

それでもまだ謎は残る。どうして何匹もがわざわざ同じ草の茎にくっついて死んでいるのかということ。それも草のてっぺんの方に固まっている。先の本によれば、これは「糸状菌が胞子をバラまきやすくするため」ということになる。確かに菌の立場に立てばそれはわかる。それでもどうやって、バッタに草に登る行動を起こさせるのだろう。謎は依然残されてしまう。

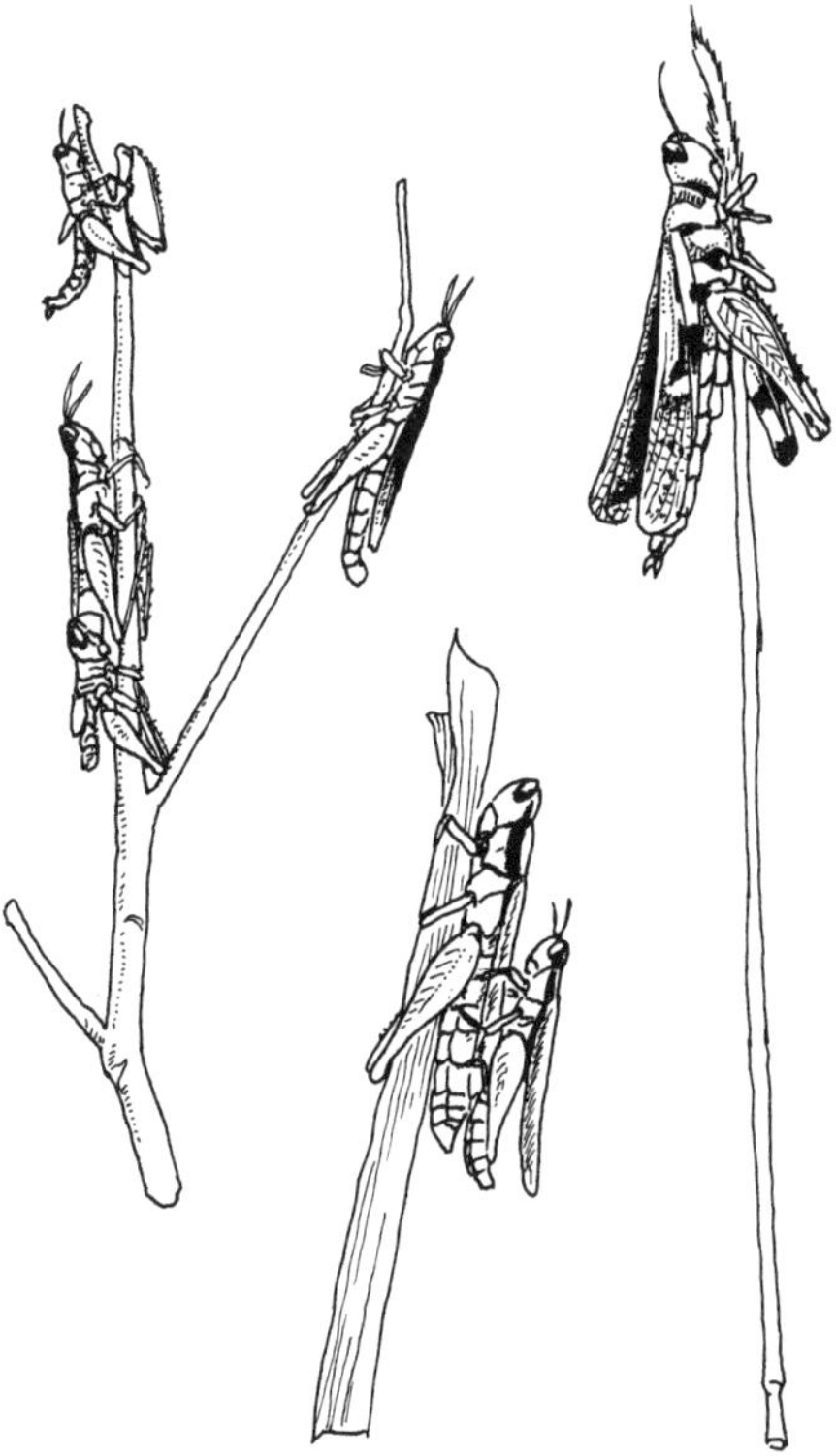

エントモファガ・グリリに倒された
コイナゴやマダラバッタ(沖縄)

コラム①
注射しなくていいの?

　小さいころ、昆虫採集セットというものが売られていた。メスやら注射器やら青い小ビンやらがセットになっていたものだ。僕はこれを買ってもらったことがない。そしていつの間にやら店先で姿を見ることがなくなった。

　昆虫標本を作る、という話になると、今でもこの姿を見なくなった昆虫採集セットの幻影に出会うことがある。「注射とかしなくていいの?」そんな言葉を聞くのだ。

　僕は昆虫採集もするけど、今までに昆虫に注射を打ったことはない。

　基本的に昆虫標本は乾燥させる、ということに尽きる。甲虫なら、脚を整えたりという作業はあるが、紙包みにしてそのまま干せばいい。大型のバッタなど、腹部が柔らかいものに関しては、腐りやすいため、虫を殺した後にカミソリで腹を切って、内臓を取り出し、代わりに綿を詰めてやる。それでもやっぱり注射器は使わない。

　どっちかというと注射は虫を殺すときに効きそうだ。もっとも、普通は昆虫採集には毒ビンというものを使う。中身は酢酸エチルという液体を染み込ませた綿が入っている。ここに放り込むと虫はマヒし、やがて死ぬのだ。

　虫捕りは殺生だ。捕らなくちゃわからんときや捕りたいときがあって虫を捕るものの、どっかでこの殺生をしてるという思いは引っ掛かっている。一方で小さいときからまるで虫を捕ったことがない生徒ばかりという現状もどうかと思ってしまうのではあるが。

第2章　恐虫記

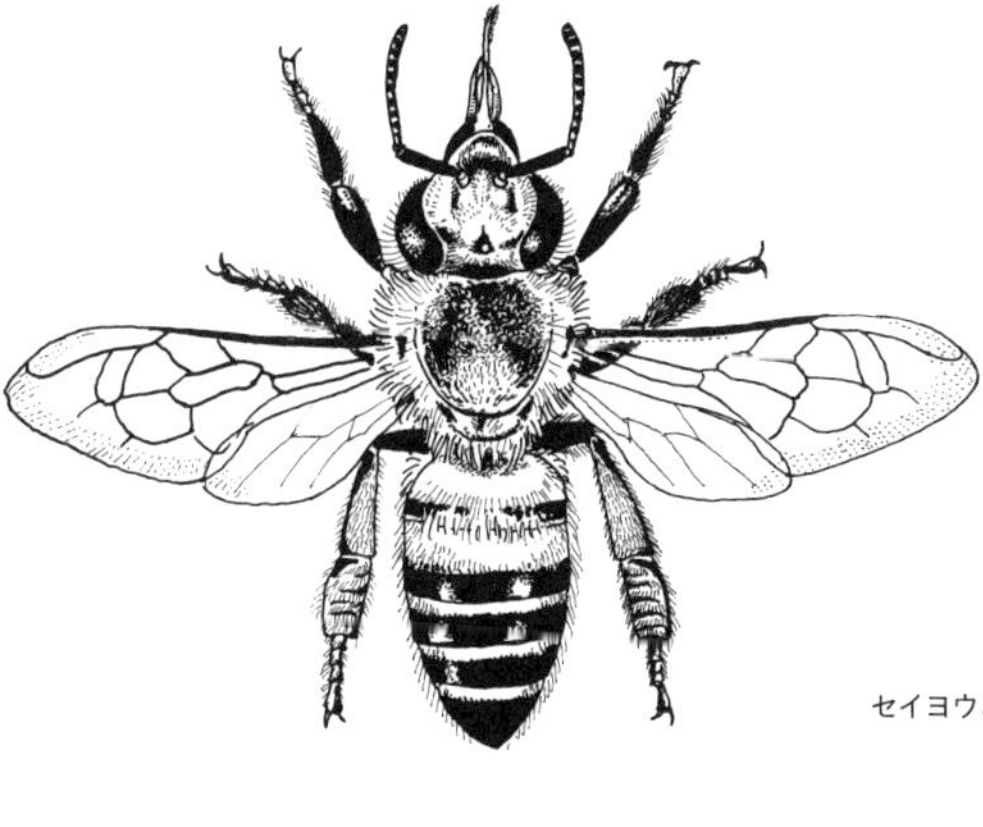

セイヨウミツバチ

ハチの作る肉ダンゴ【アシナガバチ①】

生徒たちはハチが好きだ。いや正しくいうとハチをかなり怖がっている。そしてそのぶん、怖いもの見たさのような感情を持つらしい。

ハチが教室に入ってくると大騒ぎとなる。

「教室にスズメバチが入ってる。どうしたらいい?」

放課後、サトシが慌てて僕のところへやってきた。教室に行ってみるとオオスズメバチが1匹ブンブン飛んでいる。「窓開けて電灯消したらそのうち出てくよ」と言ってしばらく待つ。その間、何人かのいかつい男子生徒が「これ刺す? 死ぬ?」「超怖い」とか言って遠巻きにしているのに笑ってしまう。

「ハチが巣を作ってるよ！」

今度はそんなご注進が来た。行ってみると非常階段の裏側に、キアシナガバチが巣を作っていた。

「こんなに近づいても大丈夫なの珍しいね」。

巣にまじまじと近づいて観察する僕に生徒がそう言う。

アシナガバチもスズメバチも営巣の初めには越冬した1匹の女王バチしかいない。そしてこの1匹の女王で子を育てているときは、近づいてもめったに襲ってはこない。ハチに人が刺されるのは夏過ぎ、巣が大きくなり多数の働きバチが活動しているところに、ハチの巣を刺激してしまったことによる事故が多い。

5月16日、14個の個室を女王バチは作りあげ、その中に幼虫と卵があった。

5月23日、個室は21室に増えている。そしてハチの巣を見ていたアベがおもしろいことを言いに来た。

「ハチがグリンピースくわえてる！」

アシナガバチやスズメバチも花の蜜を吸うものの、これはもっぱら活動のエネルギー源である。どんどん成長する幼虫にはタンパク質が必要だ。そして彼らはほかの虫を襲ってそれを肉ダンゴにして巣に持ち帰り、幼虫のエサとする。これを聞いてアベは「豆じゃないの!?」ととっても驚いていた。

ハチの進化をたどってゆくと、祖先型のハチはキバチやハバチなど、幼虫が植物食のハチたちだという。その植物食のハチのなかに、仲間のハチの幼虫に寄生するものが生まれ、さらにその対象の虫が拡大していった。そうこうするうち、今度は寄生ではなく虫を狩って幼虫に与えるハチが生まれていった。一般のハチのイメージをつくっているミツバチたちのような、蜜、花粉食のハチはこうした狩りバチから分派したものだ。言うならば肉ダンゴ食のハチこそ、ハチの進化のなかでは王道をゆくものなのである。

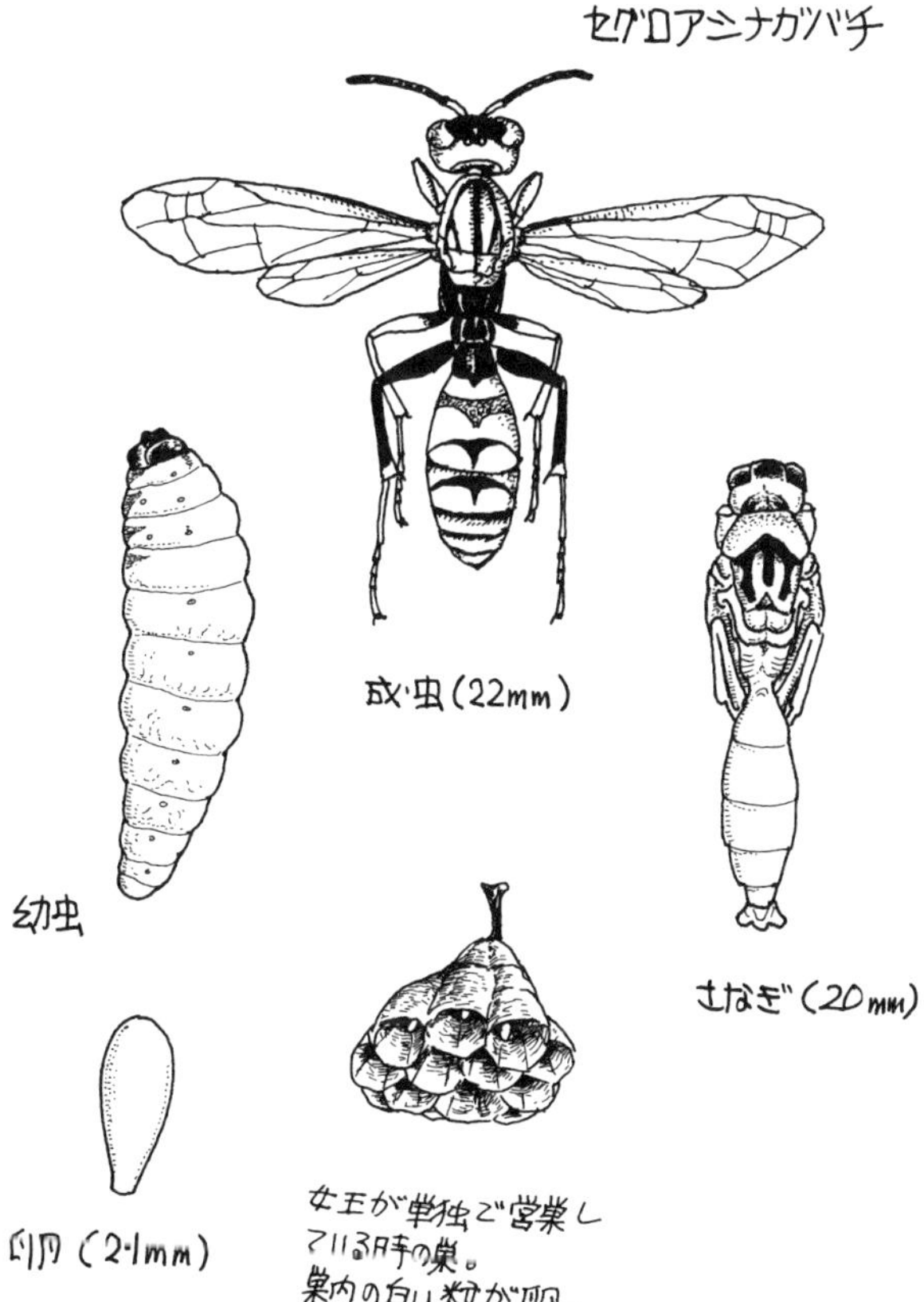
セグロアシナガバチ
成虫（22mm）
幼虫
さなぎ（20mm）
卵（2.1mm）
女王が単独で営巣している時の巣。
巣内の白い粒が卵。

ハチって雌しか刺さないの？

【アシナガバチ②】

僕らの観察していた非常階段下のハチの巣は、6月8日には24室に増え、そのうち3つにマユがつむがれていた。いよいよ働きバチの誕生だ。

授業でアシナガバチを教材にしたことがある。そのとき「働きバチは雄か雌か」と生徒に聞いてみた。

「女王バチだけが卵産むんでしょ。だから働きバチは雄」

アツシがそう言うと、周りの生徒もみなうなずいた。

「女王がいなくなると働きバチのなかから女王が出てくるって聞いたことがあるよ」

アズがそう付け加えた。

ちょっと待て。そうなると雄が雌に性転換していることになるぞ？

僕らが観察していたハチの巣はしばらくして駆除されてしまったが、アシナガバチの巣を観察していると、夏の終わりに女王バチ、働きバチに加え、また違うハチが生まれてくる。ひとつは翌年巣作りを始める新女王であり、もうひとつが雄バチだ。雄バチはこのいっとき出現し、新女王と交尾すると死んでしまう。雄バチ、というのが別にあるのだから働きバチは雄ではない。みんな雌だ。だからアズが言うように、何かの事故で女王がいなくなると、働きバチが産卵を始めることがある。

アシナガバチのように巣の規模がさほど大きくない社会性のハチでは、女王といえども産卵に専念しているわけではない。巣外の仕事にも出て、そんなとき事故に遭ったりするわけだ。

女王バチは雄、雌を産み分ける能力がある。女王は越冬前に雄と交尾するが、この雄の精子を貯蔵しておき、受精卵を産むと生まれた子供は雌になる。

一方、未受精卵をそのまま産むと雄になる。つまり雄は父親（雄）なしで生まれてくる、というちょっと変わった話になる。働きバチが産卵する場合は交尾をしていないので、生まれてくるハチはすべて雄バチになってしまう（そうなると働きバチも新女王も生まれず、コロニーの機能は終了してしまう）。

雄バチは生まれ方も雌バチと大きく違うが、体のつくりでいうと針がない。刺すハチというのはみんな雌なのだ。それというのも、もともと毒針は、祖先型のハチでは産卵管に使っていたものを変化させていったものだからだ。

「えーっ、雌しか刺さないの？　カもそうだし動物界って雌のほうが強いなー」

これを聞いたソウたちは妙に感心していた。僕の学校でも女子の方が元気だと思うけれど。

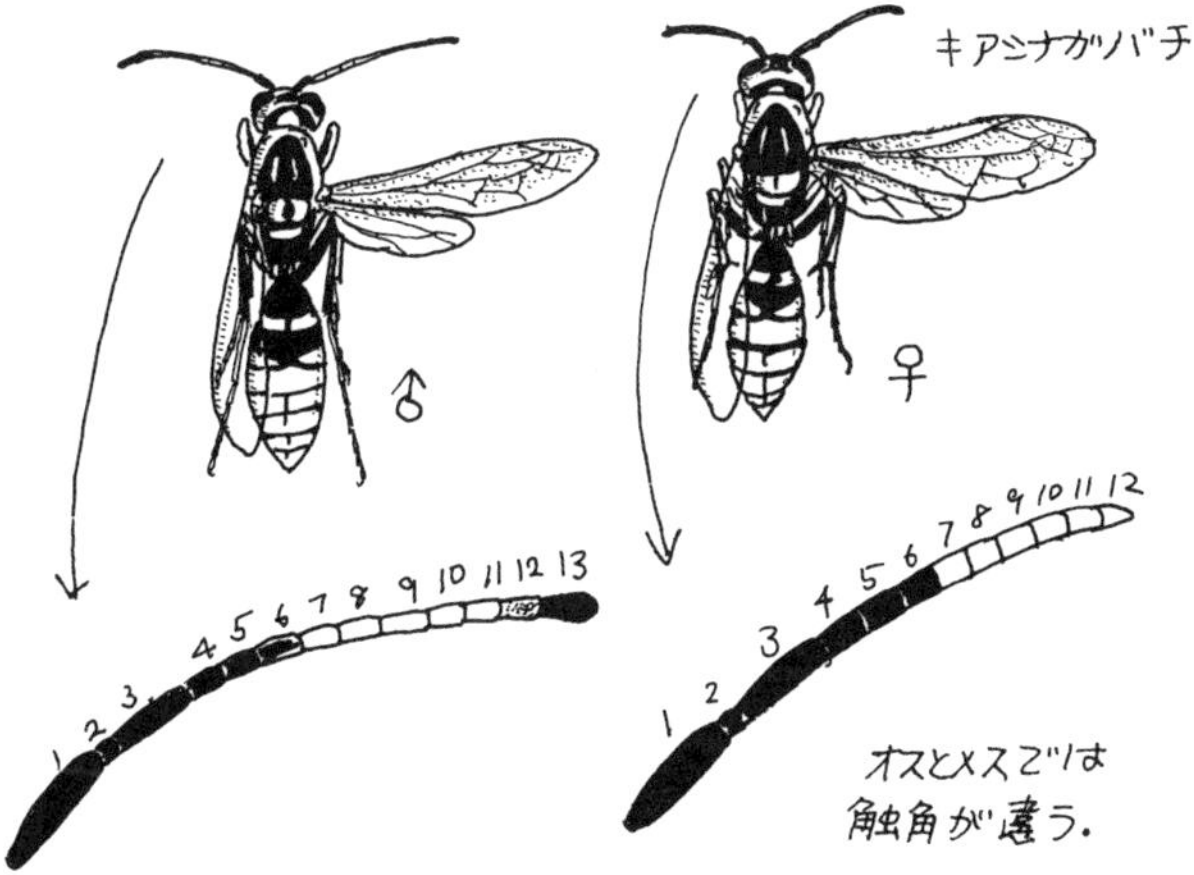

キアシナガバチ
1 2 3 4 5 6 7 8 9 10 11 12 13
1 2 3 4 5 6 7 8 9 10 11 12
オスとメスでは
触角が違う.

ハチに敵っているの？

【スズメバチ①】

「ハチの天敵っているの？」

生徒たちは、「恐ろしい」ハチには、天敵なんていないんじゃないかと思うようだ。

僕の知人にクマの「追っかけ」をしているマイタさんがいる。そのマイタさんのところで、ツキノワグマの捕獲調査をしたが、クマ捕獲用のドラムカン・トラップのエサはヤカンに入ったハチミツだった。これを見て、本当にクマはハチミツが好きなんだとちょっと驚く。野生のミツバチは木のウロや家屋のスキマに巣を作るが、こうした家の土台のスキマに巣を作ったミツバチの巣を襲おうとしたクマが、壁に残したツメ跡も見た。

よせばいいのに、アシナガバチの巣をたたき落として追っかけられた生徒たちがいる。それを見ていた木工の先生のヒラノさんが、あとで不思議そうに僕のところへ来て聞いた。「ハチって何色が好きなの？」と。ヒラノさんによれば、このとき教室にも何匹かのハチが入ってきて、そのハチたちが教室の黒いコンセントに寄っていた、というのだ。ハチは黒いものや動くものを攻撃する習性がある。ハチに万一襲われたら、髪の毛や眼が要注意だ（最近の茶髪の生徒は平気なのかな?）。そしてこれは、ハチが対哺乳類用として進化的に獲得した習性のように思う。それでもクマがハチの巣を襲う場面はなかなかお目にかかれない

もっと一般的なハチの天敵がいる。

僕は高校3年の夏休み、外にも行けず日がな受験勉強をしていた。僕の家は高台にあって、僕の部屋の窓からは隣の家の屋根が見下ろせた。そして机からふっと目を上げたら、その屋根のスキマへスズメバチが出入りしていた。「おやっ？」と思ったのは、もともとこのスキマにはセグロアシナガバチが

出入りしていたからだ。それがその日はアシナガバチではなくスズメバチが出入りしている。

僕がこれに気がついたのは朝の8時半のことだった。1匹のスズメバチが何かをくわえて出ていく。続けて3匹のスズメバチがスキマから出てきた。スキマの中に作られたアシナガバチの巣をスズメバチが襲っていたのだ。スキマからすぐ飛び去るものもいたが、屋根にしばらく止まっているハチもいる。その口元からは何かポトポトと落ちている。肉ダンゴを作っているのだ。数えてみると10分間で7匹中に入り、11匹が外に出ていった。

アオムシを肉ダンゴにしていたアシナガバチもこの日は逆にスズメバチに肉ダンゴにされている。ハチの敵は同じハチの仲間なのだ。僕は勉強もそっちのけでこの光景に見入っていた。

スズメバチいろいろ

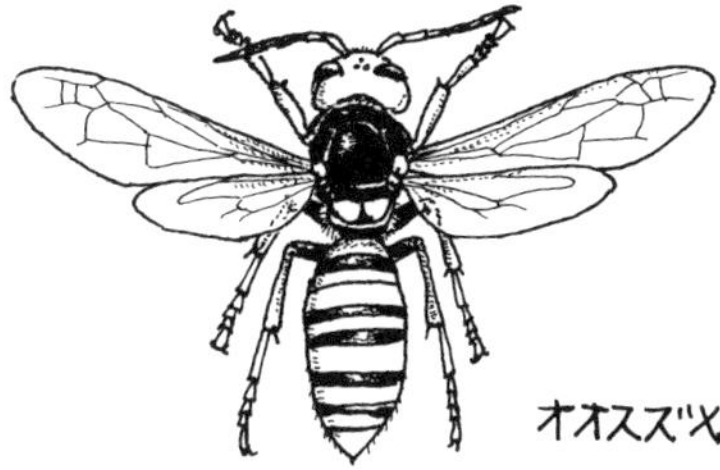

オオスズメバチ

コガタスズメバチ

キイロスズメバチ

ヒメスズメバチ

ミツバチの必殺技

【スズメバチ②】

幼虫が肉食性でかつ大所帯のスズメバチにとって、アシナガバチのように巣内に幼虫やさなぎをためている虫は格好のエサである。ただスズメバチといっても、種類によって好むエサが違っている。キイロスズメバチはハエやトンボなどなんでも捕るが、モンスズメバチはセミを好み、ヒメスズメバチはもっぱらアシナガバチの巣を襲う専門家である、という。ただヒメスズメバチでも対象とするのは幼虫やさなぎだけだ。そして上には上がまだいる。

ある日、同僚のヤスダさんが神社のお堂の軒下にかかっていたキイロスズメバチの巣がオオスズメバチに襲われているよ、と教えてくれた。オオスズメバチは日本最大のスズメバチだ。その大きな成虫が、木の樹液にクワガタなどと一緒に来ているのを見たことがある人も多いだろう。キイロスズメバチが軒下に球形の巣をかけるのに対し、オオスズメバチは地中に穴を掘って同じような巣を作る。

僕が現場に行ったのはその翌々日になってのことだった。2日たった後でも、まだキイロスズメバチの巣にはオオスズメバチが出入りし、ときおり巣内の幼虫を引きずり出しては肉ダンゴにして持ち帰っていた。この巣の下を探しただけで、キイロスズメバチの死体が82匹も落ちている。キイロスズメバチは完全に全滅させられてしまったのだ。一方オオスズメバチのほうも犠牲がまったくなかったわけではなく、6匹の死体があった。最強のハチ、オオスズメバチにとっては、巨大な巣を作るほかのスズメバチの巣は、多少の犠牲はあっても見逃せないゴチソウなのだ。

オオスズメバチはミツバチにとっても強敵となっている。飼育種のセイヨウミツバチは、原産地のヨーロッパにオオスズメバチがいないこともあり、このハチに襲われると人の手助けがなければ、なすすべもなく全滅してしまできないのだ。

一方、古くからの在来種ニホンミツバチは、スズメバチに襲われると、集団でスズメバチを包み熱殺することが知られている。

ある日、木のウロに作られたニホンミツバチの巣をオオスズメバチが襲っていた。巣の下には多数のミツバチの死体とともに、無傷のオオスズメバチの死体が転がっている。だが、この熱殺も時と場合だ。このときは完全にオオスズメバチに軍配が上がった。そして彼女らは熱殺された仲間の死体も容赦なく肉ダンゴにして持ち帰っていた。

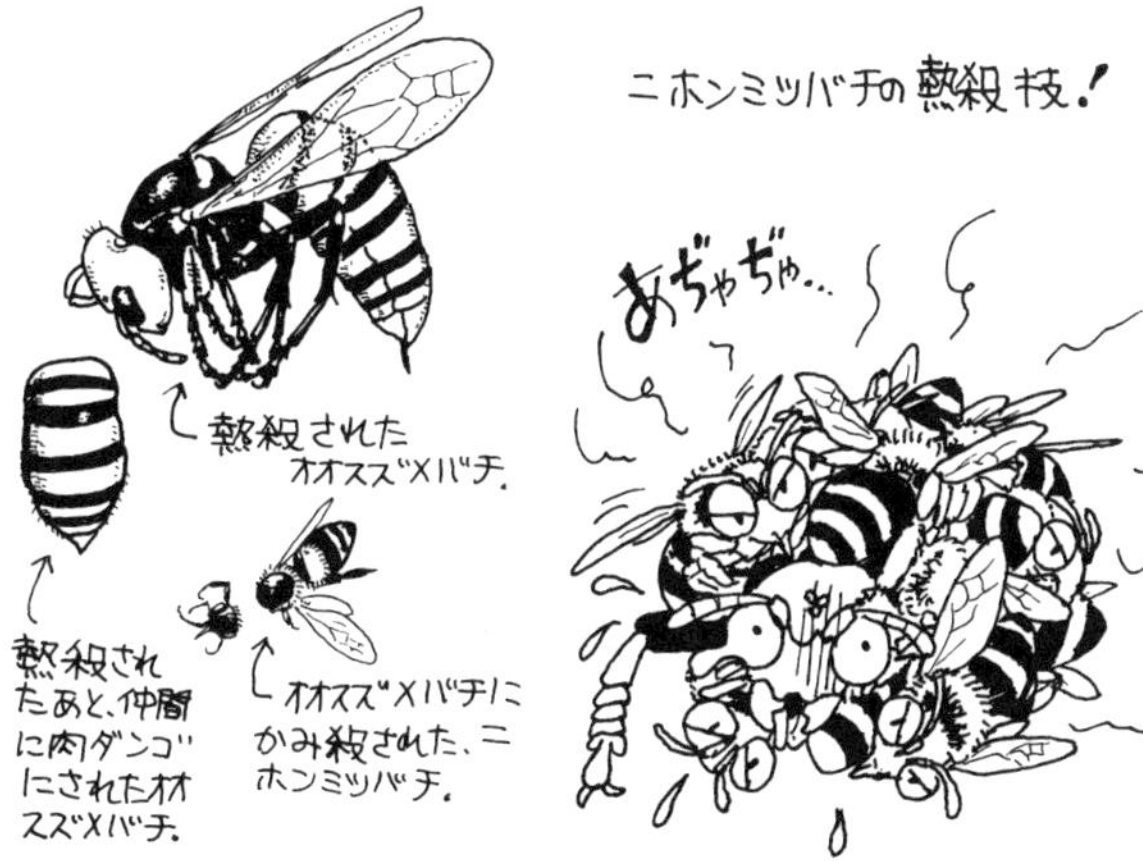
ニホンミツバチの熱殺技！
あぢゃぢゃ…
熱殺された
オオスズメバチ。
熱殺された
あと、仲間
に肉ダンゴ
にされたオオ
スズメバチ。
オオスズメバチに
かみ殺された、ニ
ホンミツバチ。

怖くないハチっているの？

【オオハキリバチ】

学校の玄関前には生徒が木工の授業で作ったごついベンチが置いてあった。このベンチ、なぜだかあちこちにドリルで穴が開けられていた。夏休み明け。久しぶりに登校した日にそのベンチをふと見ると、その下に細かな木クズが散らばっている。何だろうと見ていると、ハチがやってきては盛んにこのドリルの穴に出入りしている。おもしろくなって、このベンチの脇に座り込んでハチをしばらく見ることにした。

「ハチいっぱいいるでしょ。殺虫剤まこうかと思ったんだけど」

事務局のカタオカさんがそんな僕を見かけて声をかけてくる。

殺虫剤をまく？　そんなもったいない。せっかくハチが身近に見れるのに。

「このハチは手でつかまなければ刺さないようなおとなしいハチだよ」

そう説明するが信用されない。ほかの教員もハチに刺されぬようにと僕の脇を走り抜けたり、「刺されないの？」と心配顔でのぞき込む。巣に近づいただけで刺すようなハチは、そうそういるもんじゃないということはなかなか伝わらなかった。

ベンチの穴に来ていたハチはオオハキリバチとオオフタオビドロバチ。ドロバチのほうは、幼虫のためにイモムシを狩り集め巣内に貯蔵し、泥で部屋のしきりを作る。一方のオオハキリバチは、幼虫のために蓄えるのは花粉と蜜のダンゴだ。そしてこのハチは部屋のしきりに木の樹脂を使う。オオハキリバチの作った巣の入口を見てみると、まず泥でふたがしてあり、その奥にさらに木クズと樹脂で詰め物がしてあった。オオハキリバチの顔をアップで見てみるとずいぶん立派なアゴがある。最初に気がついたベンチ下の木クズは、このハチが穴の中を掃除したり、詰め物用に木クズを集めたカスだろう。そしてもちろん、この観察中一度もハチに刺されはしなかった。

ベンチ下の木クズに交じって、もうひとつ妙なものが落ちていた。ギザギザのある葉のカケラだ。だれの仕業だろう。しばらくそれはわからなかったのだが、こうしたハチを観察するため、理科準備室の軒下に竹筒を何本もつるしてハチに巣を作らせたら、イモムシを貯蔵するハチのなかに、部屋の間にこうした葉片をぎっしり詰め込むハチがいた。フタスジスズバチという種類だった。つまりひとつの穴開きベンチは3種のハチを招き寄せていたのだった。

ハチはなんでも怖いわけではない。家の周囲にもこんな「穴」のあるものを置いてみてはいかが。

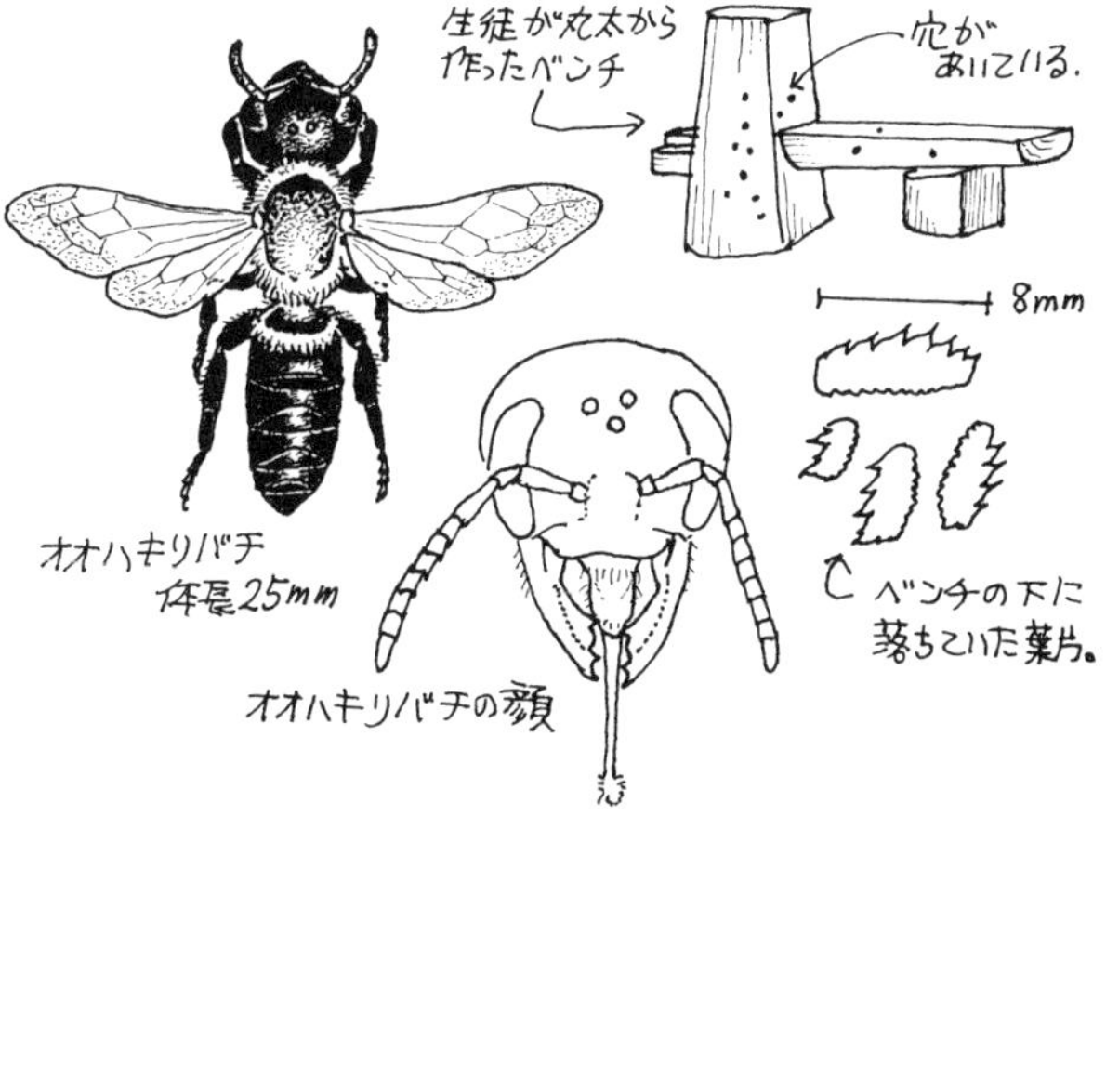
生徒が丸太から
作ったベンチ
穴が
あいている.
8mm
ベンチの下に
落ちていた葉片。
オオハキリバチ
体長25mm
オオハキリバチの顔

泥の巣の主は？【スズバチ】

シマシマはよく僕のところに拾い物を持ってきてくれた生徒だった。彼女は僕に「これは初めて見た」と言わせることに執念を燃やしていた。が残念ながら彼女の願いはいつもかなえられなかった。ある日彼女は、木の枝に付いていた泥のカタマリを持ち込んだ。その表面にはいくつかの穴が開いている。

同じ謎の物体について手紙で問い合わせてきてくれたのはナカザトさんという僕の本の読者だ。美しいスケッチも添えてあった。「今年の1月3日に見つけました。農家の庭の梅の木に付いていました。取ってきたのですが、そろいまだになんの変化もありません。姪と一緒に観察しているのですが、そろそろあきらめぎみになって割ってみようかと言いだしています」。スケッチとともにこんな文面が続く。

この手紙をもらったのが5月半ばのころだったのだが、僕は、もう少し待ってみてください、中からハチが出てくるはずですと返事をしたためた。しばらくしてナカザトさんから、5月27日にハチが出てきました、とまた達者な絵手紙が僕のところへ届いた。

このハチはスズバチという。泥のカタマリは彼らの巣で、これを土鈴に見たてたのだ。そしてシマシマが見つけてきたのは、すでにハチが羽化した後の巣だった。

スズバチはイモムシを狩るハンターだ。それを泥で作った巣の中に蓄え、幼虫のエサにする。同じような習性を持つハチにトックリバチがおり、このハチは泥でみごとなつぼを作る。実はスズバチもこのトックリバチの一員だ。だから最初はちゃんとつぼ形の巣を作るのだ。ところがつぼをいくつか作るうちに、そのつぼを泥で埋め込んでしまうのである。これは補強のために行なうことだろう。

沖縄に行くと、スズバチに近いハラナガスズバチという種がいて、これも同じように泥の巣を作りイモムシを蓄える。僕の友人のヒゲさんの家は西表島のジャングル脇に建っているが、壁といわず扉といわず、このハチの巣だらけだ。巣が豊富だったのでいくつかの巣をあばいてみる。中に蓄えられたイモムシは死んではいない。見ていると糞をするのだ。麻酔され蓄えられているのである。そしてひとつの巣から、こうしたイモムシに馬乗りになって吸血しているハチの幼虫を初めて見た。シマシマがスズバチの巣を持ってきたとき、「これはね」と正体をすぐ明かしたけれど、実は、その中身までは見たことがなかったのだった。

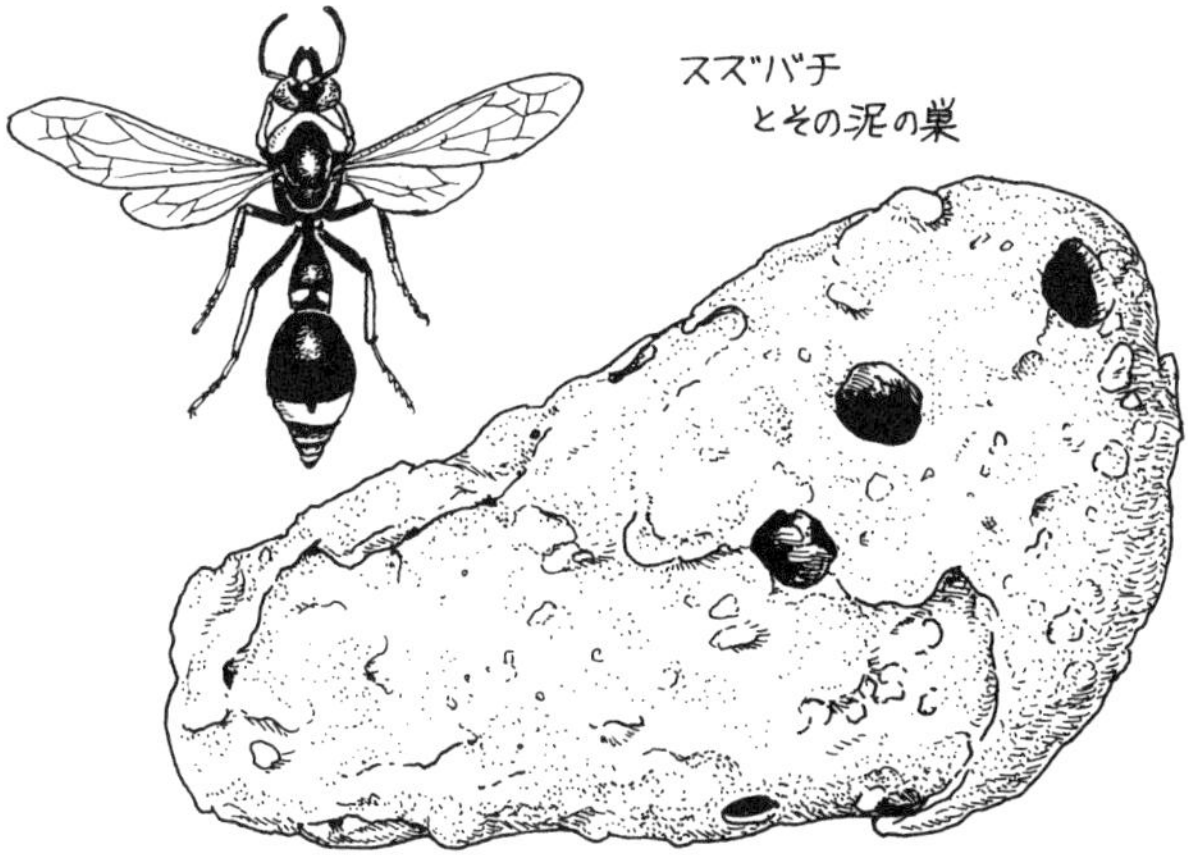

スズバチ
とその泥の巣

クモはみんな毒？

【コアシダカグモ】

僕の学校では月1回ぐらい寮の泊まり当番があったが、生物好きのヒラマツのいる寮の当番に当たったときは、彼と夜の散歩によく出かけた。

ある年の12月のしかも夜中の12時。もの好きにもヒラマツと散歩に行ったことがある。猛烈に寒い。そのうち道脇のコンクリ壁に並ぶ排水パイプに気がついた。何かいないかと懐中電灯で中を照らしたヒラマツが「ゲッ」とうめいた。彼の唯一苦手とするカマドウマが中にびっしり詰まっていたからだ。そして別のパイプを照らすと、何かが光る。クモの目だ。徘徊性の大型グモ、コアシダカグモがパイプの中で、手足を縮こめていた。

コアシダカグモは洞窟などでよく見かけるクモだ。冬場は越冬のため、倒木の樹皮下に潜り込んでいることもある。野外性のクモで普段はあまり目にすることもないのだが、そのぶん逆に人家に入ってくるとひと騒動が持ち上がる。冬場のある日、学校に行ったらベップが「便所に大きなクモがいる」と報告に来たことがある。行ってみると、トイレの天井にコアシダカグモが張りついていた。

「毒ないの？」ベップはそう聞くけれど、このクモは人に害を与えない。一般にクモは毒、大きいクモならなおさら、という偏見がある。

学校のトイレにいたコアシダカグモは、越冬のために一時的にやってきたものだろう。排水パイプで見つけたクモはどうだろう。ヒラマツと次々にパイプをのぞき込んでいったら、6匹ものクモが見つかった。ふだんはそれほど見かけぬクモであるので、これはいい機会と、その後、寮の泊まりのたんびにヒラマツを誘って見に行くことにした。

3月、4月、5月と続けて見てゆくと、コアシダカグモはしだいにパイプの外でよく見るようになった。夜行性のクモなのだ。そしてクモたちが活発になるにつれて、もうひとつの変化も見られ出した。冬場、パイプの中で100匹を超えて見られたカマドウマが、5月には12匹しか見られなかったのだ。徘徊性のコアシダカグモにとって、カマドウマはいいエサだろう。冬場は呉越同舟で過ごしても、春になるとカマドウマは危険な同居人のいる排水パイプに見きりをつける。

さて、僕はコアシダカグモを見ても少しも怖くないが、それには理由がある。僕の生まれた千葉県南部では、さらに大きく、脚を広げた幅が10㎝にもなるアシダカグモが日常的に屋内に出没していたからだ。そしてこのクモが屋内性なのは、彼らが名うてのゴキブリハンターだからである。そしてそれゆえこのクモはわが家では保護下にさえあった。

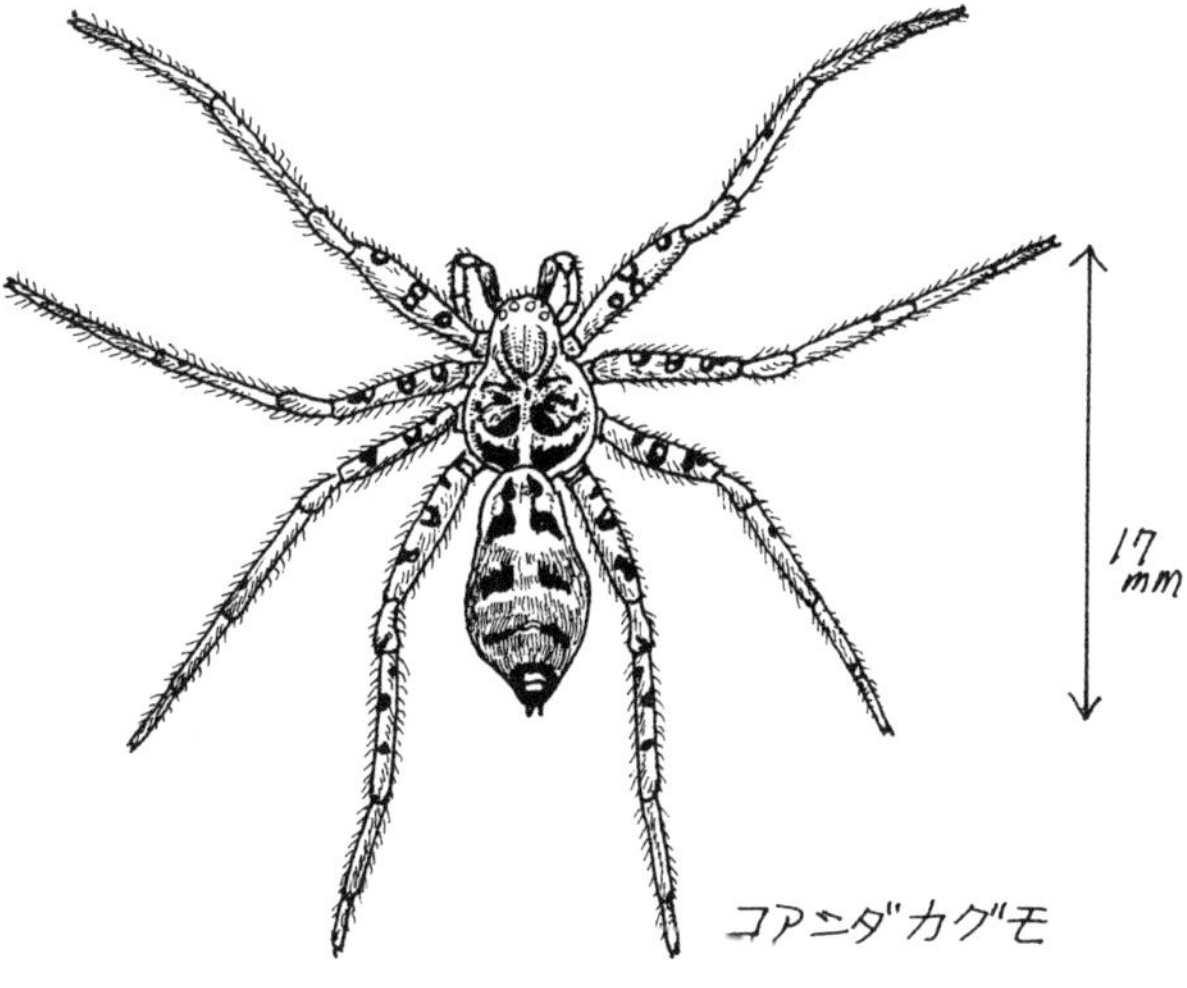
17mm
コアシダカグモ

アリそっくりなクモ

【アリグモ】

「これ何？　焦っちゃったよ。アリだと思っていじめてたら、糸出したの」

ユフキがそう言ってアリそっくりのクモ、アリグモを持ってきた。ユフキに限らず、「怪しい虫見つけた」とか「何の虫？」と言って持ってきた生徒もいる。いちばんおかしかったのが、理科研究室で隣に座っているヤスダさんのところへ、やっぱり生徒が「アリ持ってきました」とアリグモを持ってきたとき。ヤスダさんが「クモだよコレ」と言っても「アリですよ」と彼は言い、「脚数えてごらんよ」と言われても「絶対アリだって」と言い張っていた。

アリグモは巣を作らないクモであるハエトリグモの仲間だ。色は黒く、大きさ的にもアリに似ている。ただしやはり脚はアリと違って8本ある。アリグモの雄は上アゴが長く突き出ているので、見た目として雌のほうがよりアリに似ている。

ではアリグモはなぜこんなにもアリに似ているのだろう。アリグモはべつだんアリの巣の近くにいるわけでもなく、単独で木の葉の上で小さな虫を捕らえ食べている。この格好はアリをだますためのものではなさそうだ。

昆虫のなかにもアリによく似たものがいる。それもアリとはまったく別のグループのなかにだ。例えばホソヘリカメムシ。成虫は大きさも形もまったくアリに似てないが、若齢幼虫はアリそっくりなのだ。つまりアリに似る利点というのが仲間を超えてあるわけである。

アリは集団生活を送り、敵や弱ったエモノに集団で向かってゆく。そしてかむ、蟻酸を出す、ときには刺す。日本のアリは刺す力を持っていなかったり、刺したとしても針が小さく皮膚を突き通せないものが多いが、熱帯のハリアリの仲間などは刺されると飛び上がるほど痛いという。つまりアリは弱い虫に見えて、なかなか怖い虫でもあるのだ。僕らはむやみにクモを怖がるよりは、アリを怖がったほうが理屈に合っているということになる。なにせアリに似たクモはいても、クモに似たアリはいないのだから。

アリグモの仲間は世界で150種ほどいるが、その多くは熱帯産だ。アリグモはやはり特に怖いアリのいる熱帯で生まれ、その土地でアリの威を借りる技を身につけたということだろう。僕らの見かけるアリグモは、その中でも北上してきた種類なのだ。

熱帯生まれのアリグモは冬はどうしているのだろう。冬、樹皮下をのぞくと、薄い袋を作ってその中にこもる彼らの姿を見ることができる。

シリアゲアリの一種
体長3mm

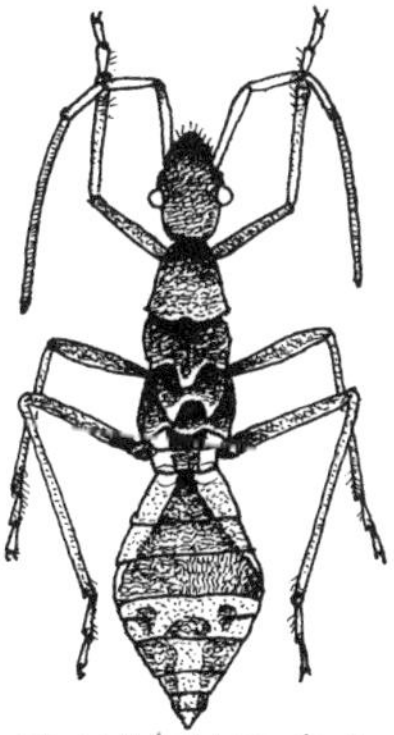

ホソヘリカメムシ幼虫
体長10mm

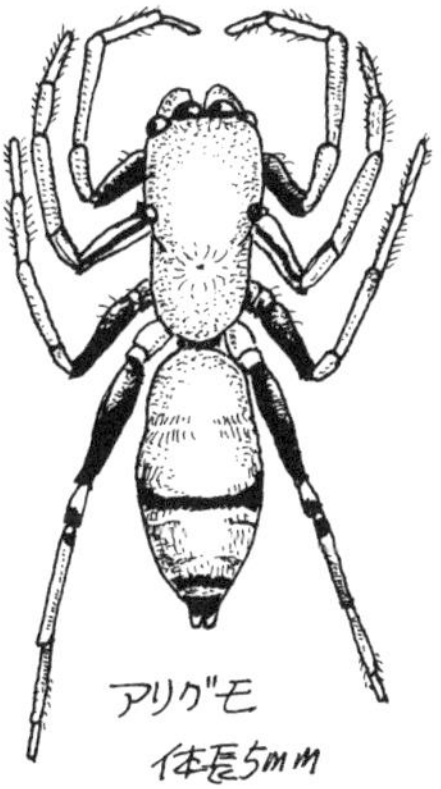

アリグモ
体長5mm

これもクモ？

【オナガグモ】

高2で最初に授業を受け持ったとき。教室のいちばん後ろに、ほかの一種の雰囲気を持った男子たちと固まって座っていたタカシは、一見怖そうにも思った。でも彼が生物好きと判明してからはよく彼と遊んだ。高3の夏にはふたりで東北旅行をするまでになった。その彼がときどき僕のところに外で見つけた虫を持ってきた。

「クモみたいで、緑色で、生まれて初めて見た」

そうタカシが言って持ってきたのは、「クモみたいな虫」ではなくてクモそのものだった。

「これ絶対新種だよね」。ニラサワも後にこのクモをそんなふうに言って持ち込んできた。

このクモがクモらしくないのは、尾が異常に細長いこと。さらに静止しているときは脚をその細長い胴体に沿って前後に伸ばしているため、ほとんど細い緑の小枝のように見えることにある。オナガグモというこのクモはそんなに珍しいものではない。学校付近の雑木林の林道を歩くと、林道脇の低木の間に1本の糸を張って、そこにこの小枝状になったクモが止まっている。ただし小枝状の姿のため普通はほとんど目にとまらないだろう。そして偶然目にすると、「何だこれは?」とびっくりすることになる。

「ナナフシの子供みたいで糸引くやつ何?」

美術の教員のナカサトさんも僕にそう聞いてきた。「クモだよ」と言うととっても驚いている。ナナフシは枝に擬態しているので有名だけれど、なにもそれはナナフシの専売特許なわけではないのだ。

このオナガグモが奇妙なのは形ばかりではない。だいたいふだん見かける姿は、1本の糸にしがみついて静止している姿だ。こんな1本の糸でどうやって虫を捕るというのだろうか。

実はオナガグモは糸で虫を捕まえ食べるという暮らしはしていない。このクモはほかのクモを襲って食べてしまうという、姿に似合わず獰猛なやつなのだ。

クモは肉食だから機会さえあれば、ほかのクモも構わずエサにする。しかしオナガグモの場合はクモ専門食だ。クモを捕るにはそれなりの工夫が必要となる。このクモの張る糸には粘り気はまるでない。ほかのクモがこのクモの糸に偶然触れると、ふつう一般のクモが移動のときに使い捨てに張った糸と思ってしまう。そしてこの糸を移動用にと伝い始める。ここが狙い目、オナガグモはこうしてやってきたクモに粘りのある糸のカタマリを投げて捕まえ、おもむろに食べてしまう。そんな「クモの上を行くクモ」なのである。

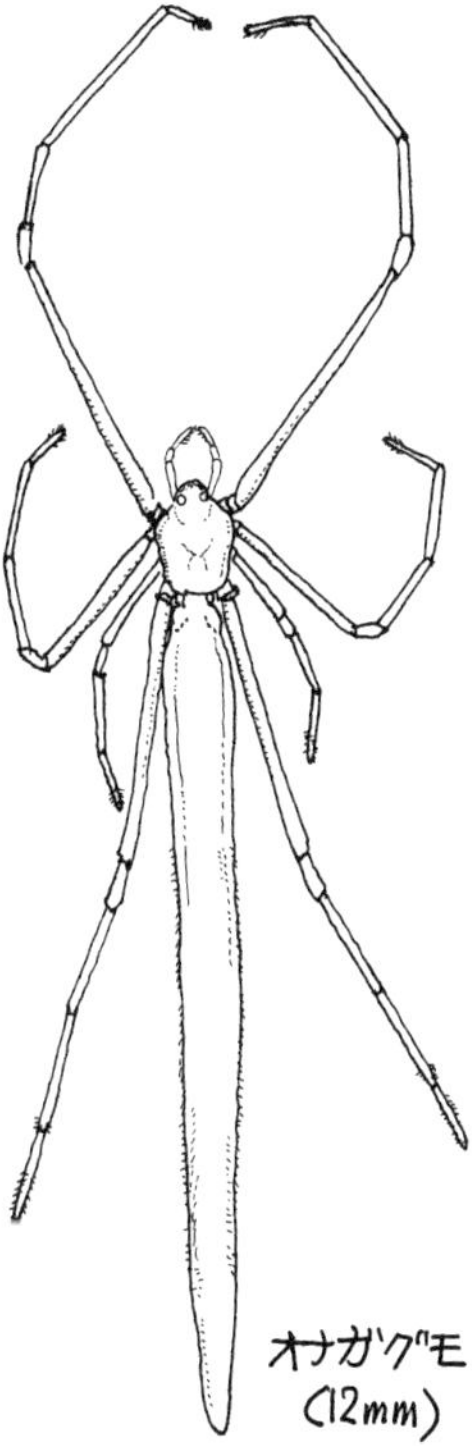

オナガグモ
(12mm)

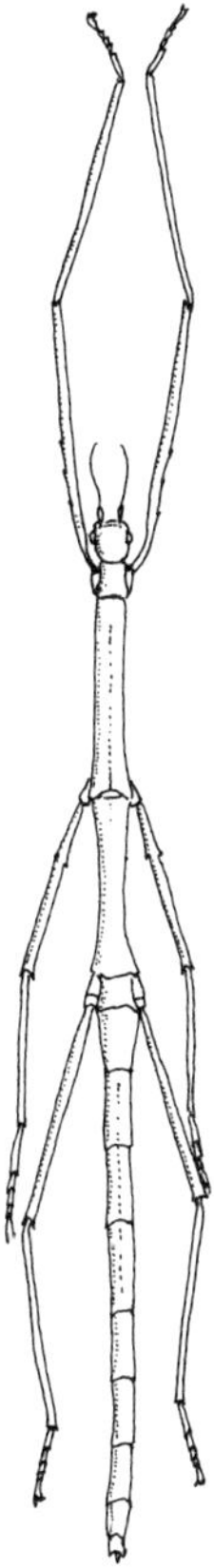

ナナフシモドキ
(メス)
(105mm)

夜だけの巣のつくり手は?

【トリノフンダマシ】

「庭に変なクモいたよ」

ムネチカから電話がかかってくる。こうした電話の質問はえてしてトンチンカンとなる。生徒たちの表現がとんでもなかったりするからだ。

「腹が丸くてツチグモみたいに高い。そして胸が小さくて脚は太くて短い。夜しか巣を張らないんだ。朝見たらもう巣がナイ。こんなクモいんの？　今何時から巣を作るのか見てるよ。大きさ？　おなかはビー玉ぐらいだよ」

僕の心配をよそに、ムネチカの表現はおおよそ妥当だった。その形に加え、夜しか巣を張らないクモ、というのがポイントだ。これは軒下などに見られるオニグモの仲間だ。

クモの仲間には、巣を張りっぱなしのものもいるが、こうして毎夜かけ替えるクモもいる。こうしたクモが狙うのは夜行性のガたちだ。

「学校の中で見つけたよ」

そう言ってイシイ君がトリノフンダマシを見つけてきたときはさすが、となった。こんなクモを見つけてくる生徒はそうざらにはいない。このクモも夜しか巣を張らない。しかも体はオニグモよりずっと小さく5㎜ほど。昼間は手脚を縮めて木や草の葉裏に動かず張りついているから、よっぽど注意しない限りそうそう目に入ってくるものではない。さらにこのクモの変わっているのは球形の腹部の色彩が一見鳥の糞に似ていたりする点だ。なかにはどう見てもテントウムシに見える種類もある。テントウムシは捕まると苦い汁を出すため、虫食性の動物が嫌う。あのこいきな柄はダテではなくて、マズイヨという印なのだ。そのテントウムシの威を借りるクモ、というわけである。ただトリノフンダマシのなかには、なにに似せているのかわからない配色を持つものもある。捕食者の目にどう映っているのかはいまひとつ謎だ。

トリノフンダマシの仲間がよく見つかるのはススキの葉裏だ。クワ畑などでもわりに見る。僕も最初はなかなかこのクモを見ることができなかったが、一度実物を目にすると、案外あちこちに棲んでいるクモであることがわかってきた。

僕の棲んでいた埼玉飯能で見ることができたのは、トリノフンダマシ、オオトリノフンダマシ、アカイロトリノフンダマシ、シロオビトリノフンダマシ、ソメワケトリノフンダマシの計5種。結構種類がいるものなのだ。

トリノフンダマシは日が昇ると巣をたたんでしまうので、巣を見るなら夜か早朝に限る。もっとも根っからの無精者の僕がその巣を見たのは一度だけしかないけれど。

トリノフンダマシいろいろ

アカイロトリノフンダマシやツシマトリノフンダマシはテントウムシに似ている。

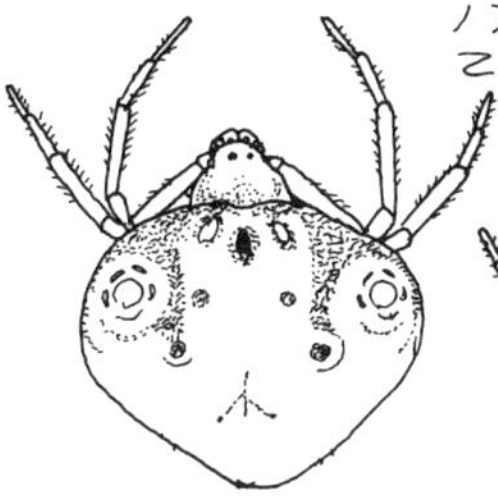

トリノフンダマシ（5.5mm）

オオトリノフンダマシ（6mm）

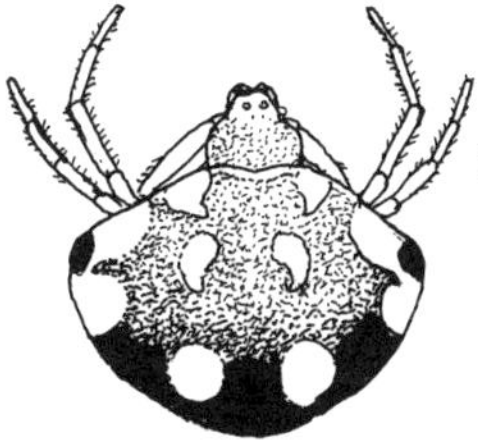

アカイロトリノフンダマシ（4mm）

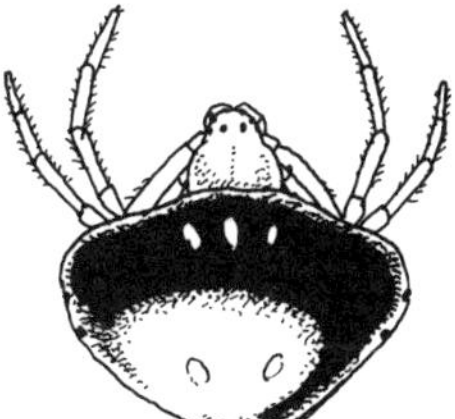

シメワケトリノフンダマシ（4mm）

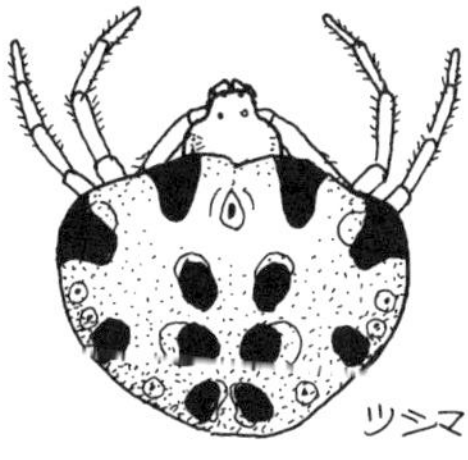

ツシマトリノフンダマシ（7mm）

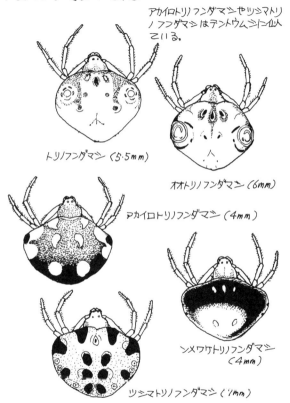

SFにでてきそうなクモの正体【ザトウムシ】

タカシが僕のところにやってきて、「裏山で宇宙人みたいなの、SFのロボグモみたいなの見たけどあれは何なんだ」と聞く。

自然観察に生徒たちと野山を行くと、たびたび同じような質問を受ける。

「これはクモ?」と。

豆粒みたいな胴体から、とても細く長い脚が延びている。よく見るとこの豆粒みたいな胴体には、クモのように腹と胸（頭と一体化している）の間のくびれがなく、ひとまとまりになっている。クモのなかには網を張らないものがあるが、そんなクモもお尻から糸は出す。ところがこの「宇宙人グモ」はまったく糸を出さない。そんな点でザトウムシと呼ばれるこの生き物は、クモとは別のグループの独自のまとまりを持つ。だから「これはクモなの？」と聞かれると、「クモじゃなくてザトウムシ」という身もふたもない回答をしてしまうことになる。ザトウの名の由来は、長い脚を振って歩く姿から座頭を連想したもの。ただし拡大して見ると、小さな胴の突起の上にちゃんと目はついている。

ザトウムシはそれでもクモとは多少の縁があり、クモ、ザトウムシ、サソリ、カニムシ、ダニなどをひっくるめてクモ形類と呼ぶ。このなかでクモは日本だけで1000種以上知られている大所帯だけれど、ザトウムシは日本には80種ぐらいしかない。

ある日山を歩いていたら、こいつがいた。

「アシダカグモっていうけどクモじゃないんでしょ」

アズはほかの生徒より多少こいつのことを知っていた（ザトウムシをアシダカグモと呼ぶ人もいる）。ただそのアズも、木の葉の上に群れていたザトウムシを見て、「これは何を食べるの？　この葉っぱを食べるの？」なんて言う。きゃしゃなその体から思いつくのは草食だろうということだ。

しかしザトウムシは小さな虫を主なエサとする肉食だ。ただ、水分の多い木の実などにも集まるというからクモよりは雑食性である。

「サキイカあげたら食べたよ」

僕よりも何事も試してみなくては気の済まないマキコは、自らの体験を僕にそう語ってくれた。

僕はザトウムシの種類を見分けられないから、なんでもひっくるめてザトウムシと言ってしまう。乾燥に弱いザトウムシはふつう林内で単独でいる姿に出会うのだが、僕とアズが葉上で見たものは群れをつくっていた。これは沖縄の森でのことで、沖縄にはそんな習性を持つザトウムシがいる、とちゃんと本に書いてある。やっぱりザトウムシにもいろいろいるのだ。

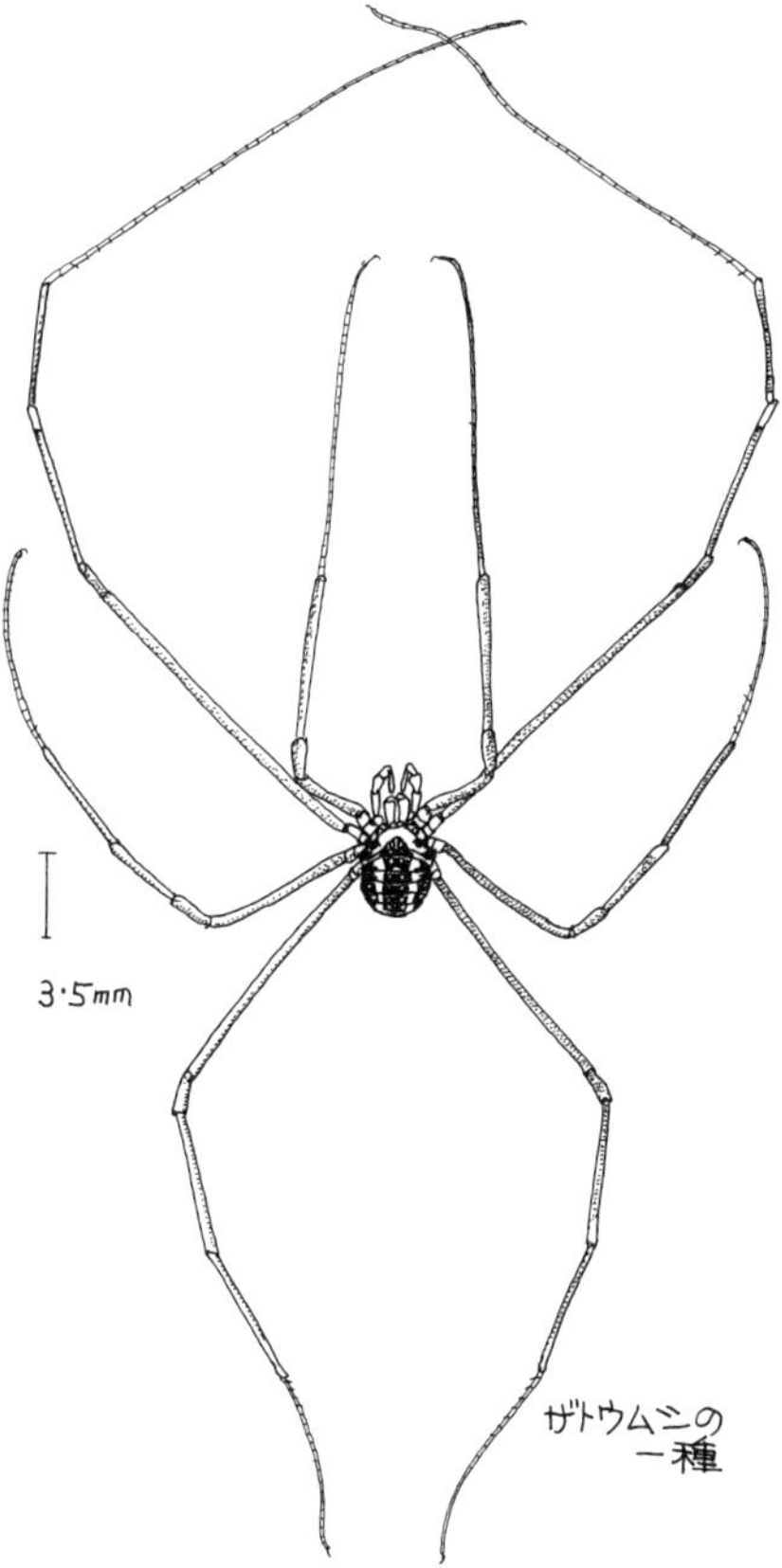
3·5mm
ザトウムシの
一種

ブローチみたいな毛虫【イラガ】

　昼休みに外に散歩に出かけた生徒が葉っぱの上に1匹の幼虫を乗せてやってきた。

「ケムシって茶色って思ってたけど、これとってもキレイだよ」

「途中で会った国語の先生がブローチにしたいと言ってた。なんでこんな色してんの？」

　キレイなバラにはトゲがある。黄緑色の体の真ん中に赤い筋が走り、ところどころに青い斑がある。この美しい幼虫は名うての毒毛虫。トゲに刺されると飛び上がるほど痛いこの幼虫は、「寄らば切るぞ」という警告のために派手な色彩を身につけている。ただ、そのことを知らない生徒たちには「ブローチ毛虫」に見えてしまったのだけど。

このとき生徒が持ってきたのはクロシタアオイラガの幼虫だ。イラガには種類があって、ただのイラガの幼虫は緑地に紫がかった茶の斑があるし、アオイラガの幼虫なら緑地に青ラインだ。

イラガの幼虫はカキ、ウメ、カエデなど庭木として植えられる木の葉にくっつく。そのためその刺す虫の存在は昔から人目についた。地方によってはこの幼虫に、「アマノジャク」といった固有の名前を与えている。また幼虫は秋になるとやがて、白く硬い卵形のマユを作る。このマユは石灰で覆われ非常に硬い。カッターで割ろうとしてもなかなか刃が立たないほどだ。冬に葉を落とした木々に付いたこのマユもまた人の目をひき、「スズメノマクラ」といった名前が与えられている。

マユの中に入った幼虫はまずぐにゃりとした前蛹となり、そこから翅の形を持ったさなぎと化する。このマユの中の前蛹は釣りのエサとされ、地方によっては薬用や食用にもされた。硬いマユの殻に守られた前蛹には刺す力はなく、手で触っても大丈夫なのだ。また、クロシタアオイラガのマユはイラガほど硬くはなく、これは樹皮の割れ目などにペタリと隠れるようにマユを作る。いずれにせよ、幼虫時代とさなぎ時代で攻撃から守りへ劇的に転換する虫だ。

あるとき、西表島の森を歩いていて、葉上に奇妙な物体を見つけたことがある。楕円形の半透明な半球がペトッと葉に付いている。脚さえさだかではないが何かの幼虫だ。見た目も触り心地もゼリーというかお菓子のグミそのものだ。試しに持ち帰って飼ってみたのだが、蛹化せずに死んでしまい正体不明のままで終わった。そのうちスギモトさんと話をする機会があって、彼からこれがツマジロイラガの幼虫らしいと教わりびっくりする。イラガのなかにはこんな平和主義者もまたいたのだった。

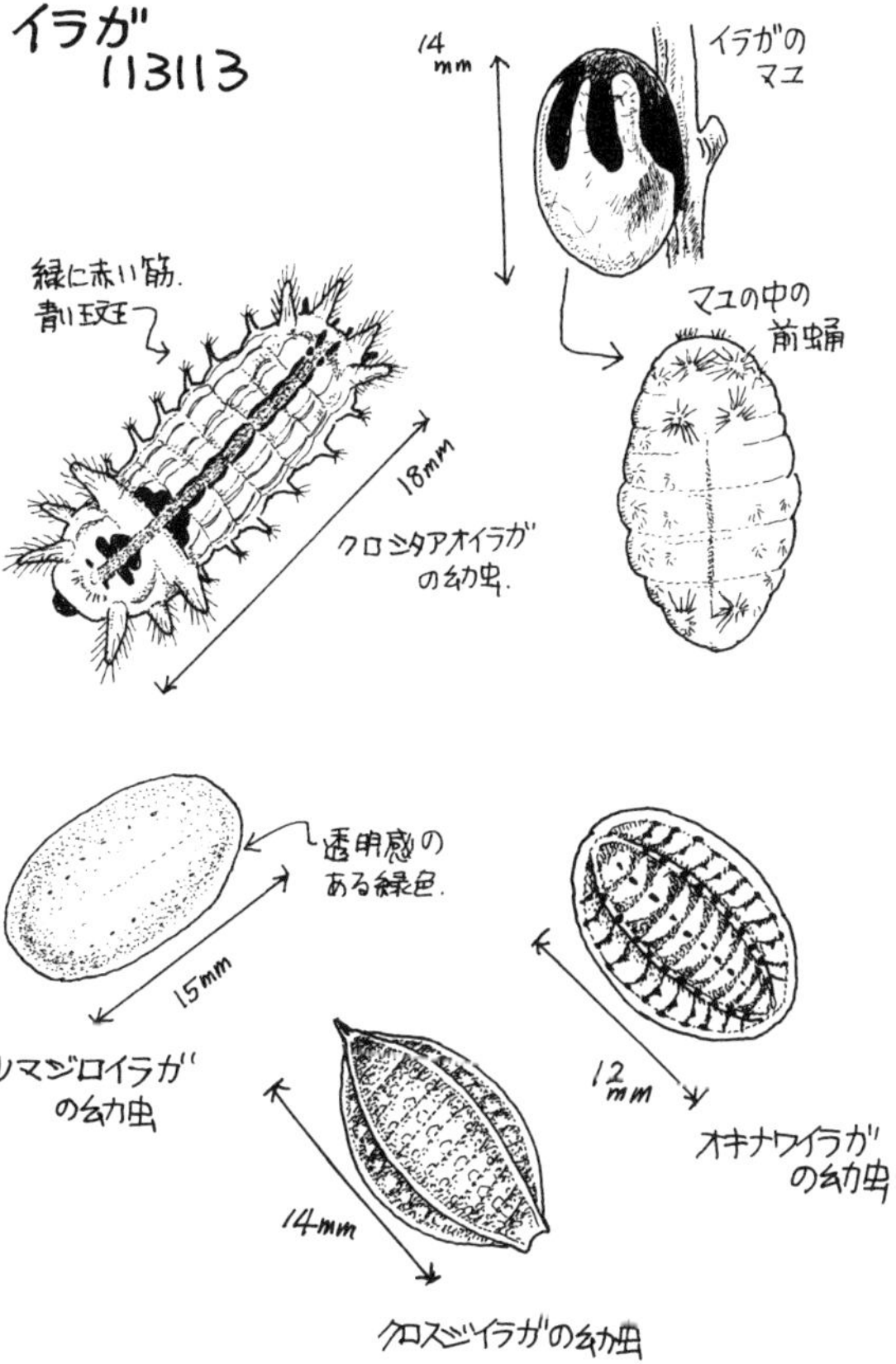

イラガ
113113
14 mm
イラガのマユ
緑に赤い筋.
青い斑
マユの中の
前蛹
18mm
クロシタアオイラガの幼虫.
透明感のある緑色.
15mm
リマジロイラガの幼虫
12 mm
オキナワイラガの幼虫
14mm
クロスジイラガの幼虫

コラム②

ライポンの正体

卒業生のヨーペーが聞いてきた。「ライポンと呼んでたミツバチみたいなハチで針がないの知らない？　糸付けてペットにして遊んだんだけど」

　このハチは6月ぐらいがピークで夏になるといなくなったという。クマバチと間違わずにライポンを捕るのにもスリルがあったとか。こんな刺さないハチの正体とは何だろう。

　マルハナバチというハチがいる。毛むくじゃらで花々を訪れるハチだ。このハチもミツバチと同じようなコロニーを作る。なかでもコマルハナバチは春真っ先に現れる種類だ。

　春先まず見るのは体の大きな女王バチ。5月ごろにはツツジの花にやってくる姿が見られる。このときには女王も働きバチも見られた。コマルハナバチは6月になると雄と新女王が羽化し、営巣をやめる。そして新女王だけが翌春までの時を単独で過ごす。

　6月に姿を現す雄は針がなく刺すことができない。コマルハナバチでは雄と雌の毛色が違い、ひと目で見てとれるのがミソである。雌は黒くお尻だけオレンジ色だが、雄は全体に薄黄色で、尻がやはりオレンジ色。試しにコマルハナバチの新女王に刺されてみたが、激痛が走り、3日ほど指が腫れた。働きバチもそれほどではないがやっぱり痛い。雄バチだけが刺さないのである。

　コマルハナバチはまた、マルハナバチのなかで唯一都会に進出できたハチだ。そんなハチのオスを特定にした遊びをだれが開発したのだろう。

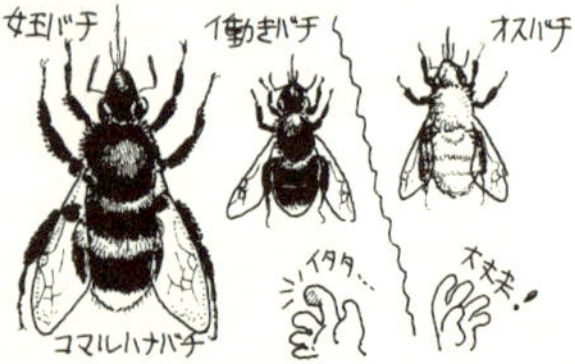

第3章　嫌虫記

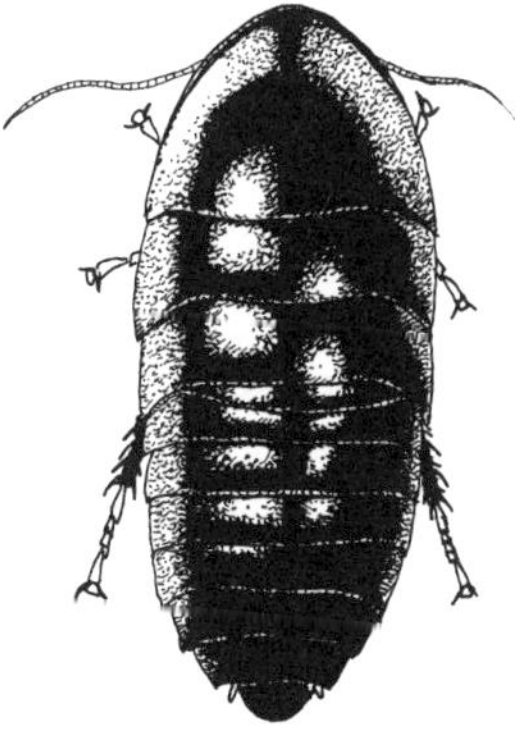

マルゴキブリ

どこにでもいる虫って？【ゴキブリ①】

「どんなの拾ってきていいかわかんないもん」

だいたいそんな返事が返ってくる。

生徒のなかで、夏休みに海外旅行に行く者がいたりする。「じゃあおみやげに死んだ虫いたら拾ってきてよ」と僕が言うとそう答えられてしまうのだ。生徒にとっては何が普通の虫で、何が珍しい虫かなんてわからない。でも「外国行ったらアリだってハエだってほとんど日本のとは違うんだよ。だからなんでも珍しいよ」と言うとちょっと驚く。それでもだいたいの生徒は、僕のそんな言葉はコロッと忘れて、虫なんか拾ってこない。

僕のクラスに両親が南米エクアドルに住んでいるナオという生徒がいた。

南米といえば子供のころからのアコガレのアマゾン川がすぐ思い浮かぶ。で、夏休みに帰省するナオに例によってそんな言葉をかけた。

夏が終わって学校に戻ったナオはなんと虫を拾ってきてくれた。感激である。さっそく小箱を開けて脱力した。

そこに入っていたのはこともあろうに世界共通種のチャバネゴキブリだったのだ。彼女はこれをロスのホテルで拾ったのだという。でも「なんでも」と言った手前ありがたくちょうだいすることにした。

そもそも地域によって、いる虫は違う。しかし長距離移動をするチョウのなかには世界をまたにかけて分布をするものがいる。そして世界中にはびこった人間についてまわるようになった虫もまた、世界のどこにでもいる虫になってしまった。

ゴキブリはその代表例だ。日本の家屋でおなじみのゴキブリも外来種が多い。

クロゴキブリは中国、南北アメリカにもいるが原産地不明。チャバネゴキブリは世界共通でこれも原産地不明。ワモンゴキブリは世界の熱帯、亜熱帯に分布し、原産地はアフリカらしい。人間とのつきあいが長いため、その原産地さえ定かでなくなってしまっているのだ。

しかし屋内のゴキブリのなかにも、ヤマトゴキブリのようにもともと日本の野外に棲みついていたものが屋内に侵入するようになった例もある。そしてゴキブリ全体では一生を屋外で送るもののほうが実は種類が多い。こうしたゴキブリはその土地土地でしか見ることはできない。

翌夏、ナオの帰省とともに僕は南米に渡り、初めてのアマゾンに感激した。そしてそこでアマゾンならではの野生ゴキブリを捕まえてまたひとしきり感激し、ナオをとってもあきれさせた。

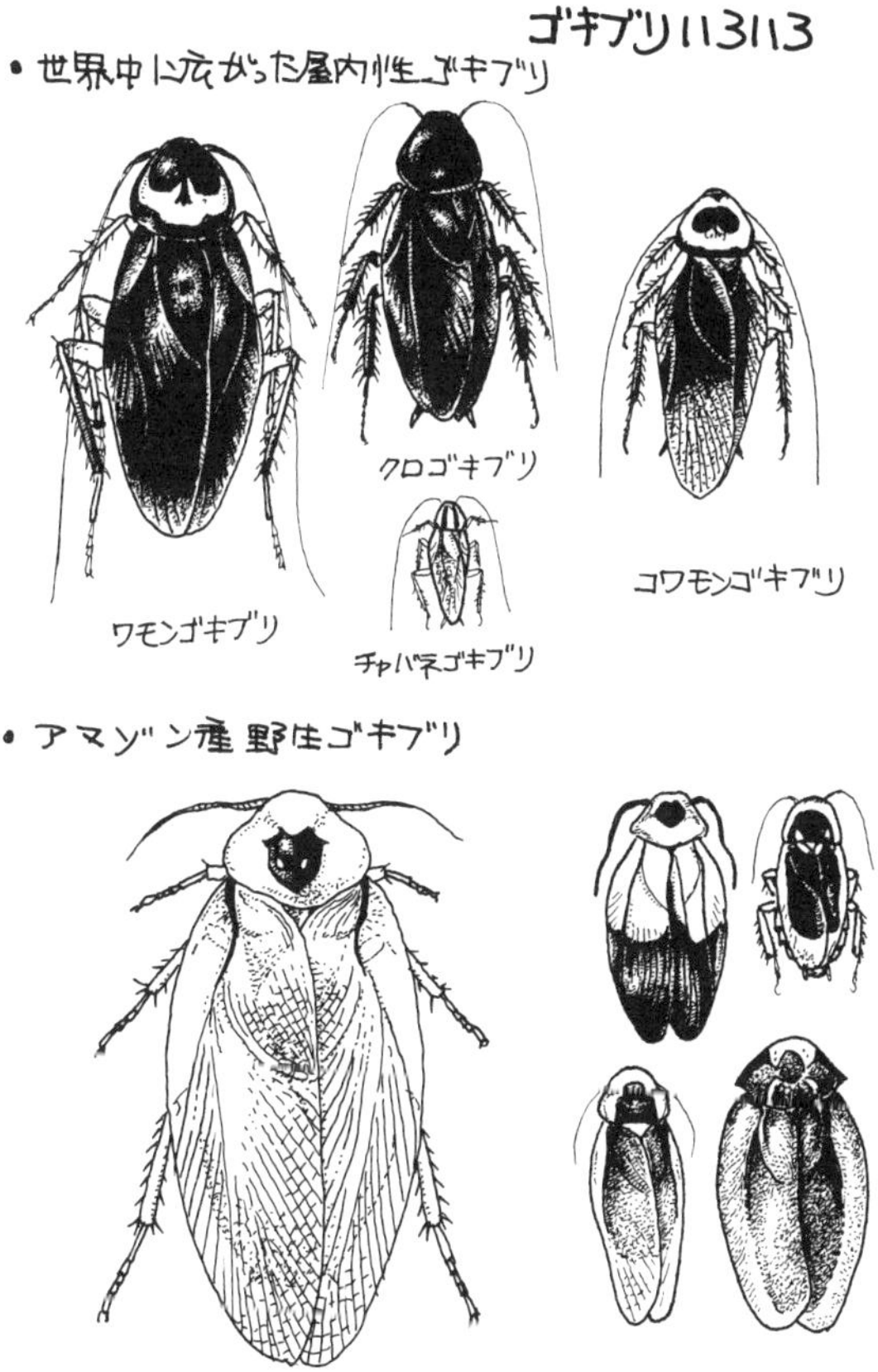
ゴキブリいろいろ
・世界中に広がった屋内性ゴキブリ
ワモンゴキブリ
クロゴキブリ
チャバネゴキブリ
コワモンゴキブリ
・アマゾン産野生ゴキブリ

1匹いたら…というのは本当？【ゴキブリ②】

悪口を言うのは盛り上がる。まして相手は虫である。相手に聞かれてバツのわるい思いをする心配もない。かくてゴキブリ談議は花が咲く。

「ゴキブリって顔が平たいのが怖い。顔が平たいって自分たちでは想像もできないでしょ」

個性派のムギはゴキブリ評も個性的だった。

「1匹見たら20匹いると思えっていうよね」

「えっ？　100匹じゃない？」

そんな話が生徒たちの間で交わされたりもする。そんな話を聞くうちに、話の真偽を確かめたくなって、学校や家でよく見かけるヤマトゴキブリを飼うことにした。そして飼ってみるとそれまでゴキブリのことをちゃんと知らなかったことがよくわかる。

「ゴキブリって卵をどのくらい産むと思う？」

授業でそう生徒たちに聞いてみた。その答えは、1000個から1万個という予想となった。

「でもゴキブリの卵ってどんなの？」よっぽど清潔な家に住んでいるのか、そんなことを聞く生徒もいたのには少し驚いた。ゴキブリの卵は卵鞘という硬い包みに覆われている。ちょっとガマグチに似た形をしたものだ。ヤマトゴキブリの産んだ長さ9㎜のこの包みを開いたら、中から長径3・7㎜の細長い卵が14個出てきた。

生徒たちはゴキブリをとても産卵数が多い虫だと思っている。そうでなければあれほどうじゃうじゃいるわけはない、ということだ。でもヤマトゴキブリは、一生の間に20個ほどしか卵鞘を産まない、と本にある。つまり1匹の雌の産む卵は300個ほどということになる。これは虫の産卵数のなかではごく普通だ。

では、卵から親までの成長期間が短いのだろうか。成長期間が短いと、産卵数が少なくても子孫は「ネズミ算式」に増えてゆく。

ゴキブリの卵から成虫になるまでの期間の予想は、生徒によれば1週間から1カ月。やはりとっても短いものだというイメージがある。この成長期間の長さを確かめることが、僕のゴキブリ飼育の一大目的であった。そして僕の飼ったヤマトゴキブリでは、卵が孵化するまでに約1カ月、産卵されてから成虫になるまでほぼまる2年かかったのだった（その間は夏休みも学校に出かけ、ゴキブリの世話をした）。ゴキブリは種類にもよるけれど、概して成長に時間のかかる虫なのだ。おかげで僕は長期にわたって生徒たちから、「ゴキブリを飼う男」とひやかされるハメになってしまったわけだけど。

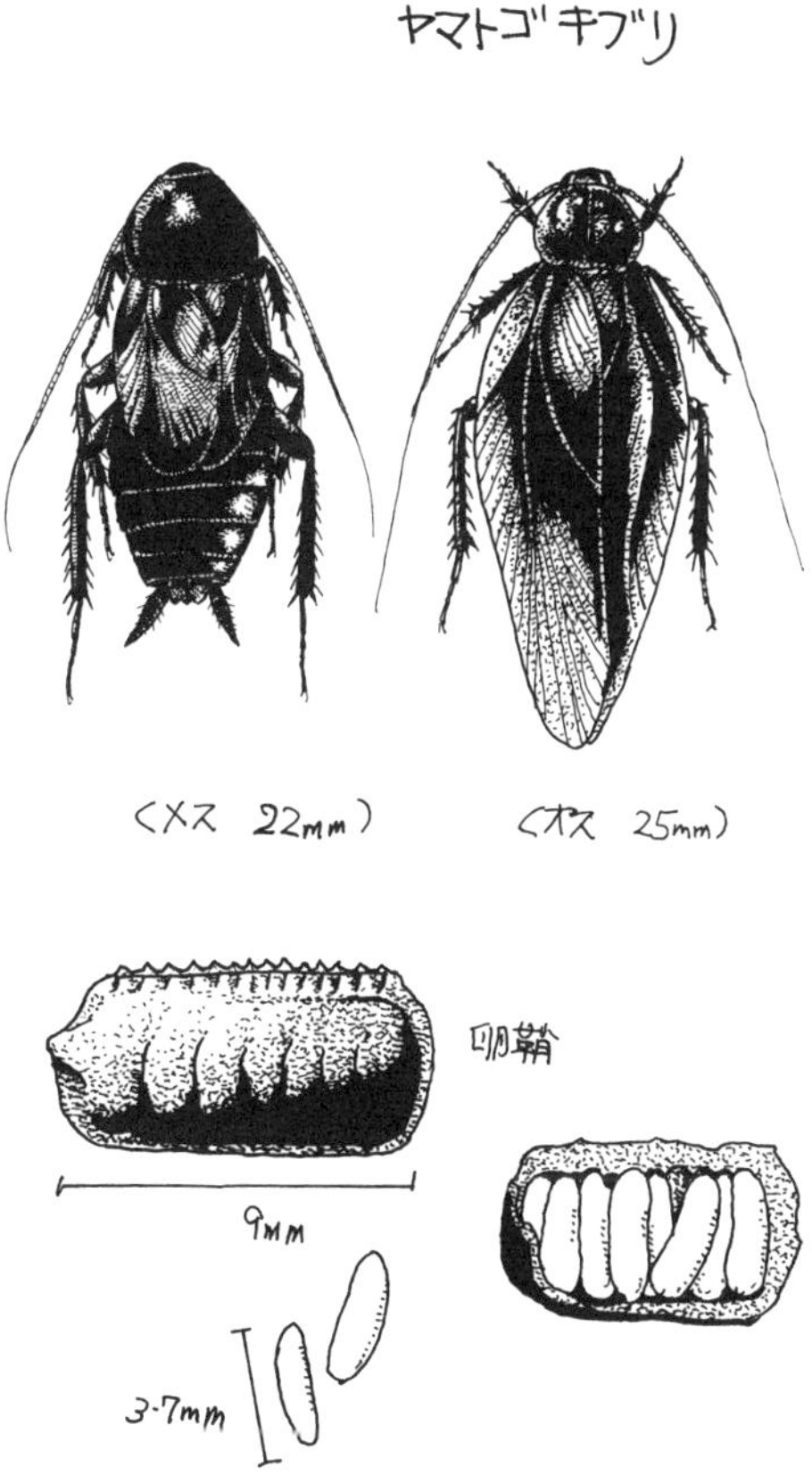
ヤマトゴキブリ
〈メス 22mm〉
〈オス 25mm〉
卵鞘
9mm
3-7mm

ゴキブリに天敵っているの？【ゴキブリ③】

ゴキブリはけっして多産な虫ではない。ヤマトゴキブリの場合、成長期間も長い。それでもあれだけ普通に見られるのはどうしてだろう？　もっともチャバネゴキブリは体が小さく、成長期間は3カ月ほどと本にある。「ゴキブリ1匹見たら……」の話はチャバネに関しては成長期間の短かさで充分説明可能だ。

「ゴキブリってなんでも食べるからだよ」

「棲みかもあるし」

生徒とこの話を進めていたら、こんな意見が出てきた。すると結局ゴキブリを増やしているのはゴキブリ側ではなくて、人間側がエサと住居を与えていることに問題がある、という話になる。先のチャバネもともと南方系なので、僕の学校ではただ一度だけミカコが食堂から捕まえてきたのを見たのみだ。チャバネの増殖も、暖房の保障あってのものだ。

「だいたいゴキブリって天敵なんているの」

ゲンはそう言う。死ににくさも関係しているんじゃないか、ということだ。確かにゴキブリが食べられた場面というのはあまり見ない。そこで気をつけてそんな場面をチェックしてみることにした。

修学旅行でお世話になっている、西表島の民宿のタカシさんから、衝突死したアカショウビンの死体をもらった。しばらく冷凍していたのだが、何を食べているのか調べるためにクミコたちと解剖をしてみることにする。

「あっ、何か硬いもの入ってる手触り」

クミコが胃を触ってそう言う。開けてびっくり。出てきたのは甲虫とムカデと2種のゴキブリ。そのうちひとつは日本産ゴキブリの最大種のヤエヤママダラゴキブリだった。「ゴキブリなんて食べるの？」と鳥好きのクミコはショックを受けていた。

もう一例。やはり西表島。僕の友人のヒゲさんの家は林の脇の木造住宅。そしていつも窓を開放していることもあっていろんな生物が出入りする。この家にはワモンゴキブリもそこらじゅうに出没するのだけれど、ある晩寝ていたらパタパタと音がした。翌朝、フトンの脇にゴキブリの翅が散らばっている。家にカグラコウモリが入ってきてゴキブリを食べたのだ。ヒゲさんによれば、これは日常茶飯事だ、という。

別にゴキブリは食べられない虫ではない。野外ではもっといろんな生物がゴキブリを狩っているだろう（専門のハチもいる）。ただ、コウモリが家に入ってくる家はそうはない。やはり人家はゴキブリにとってありがたい場所なのだ。

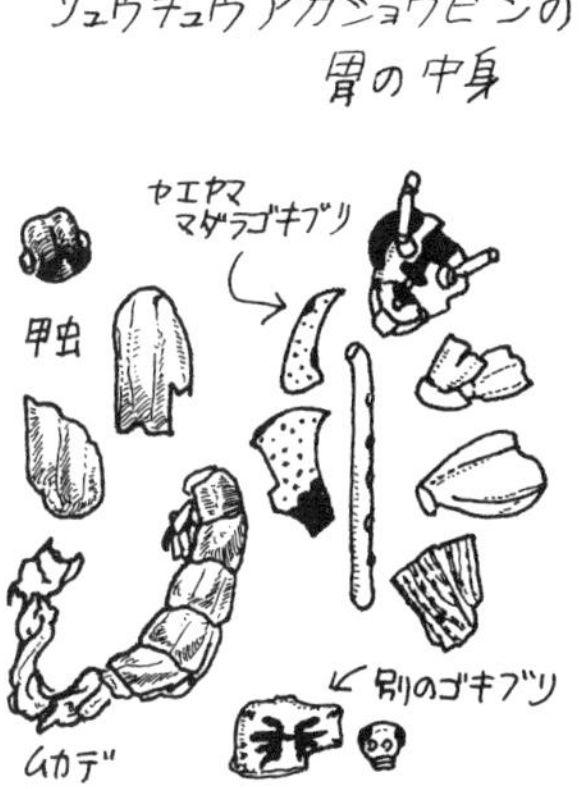
リュウキュウアカショウビンの
胃の中身
ヤエヤマ
マダラゴキブリ
甲虫
別のゴキブリ
ムカデ

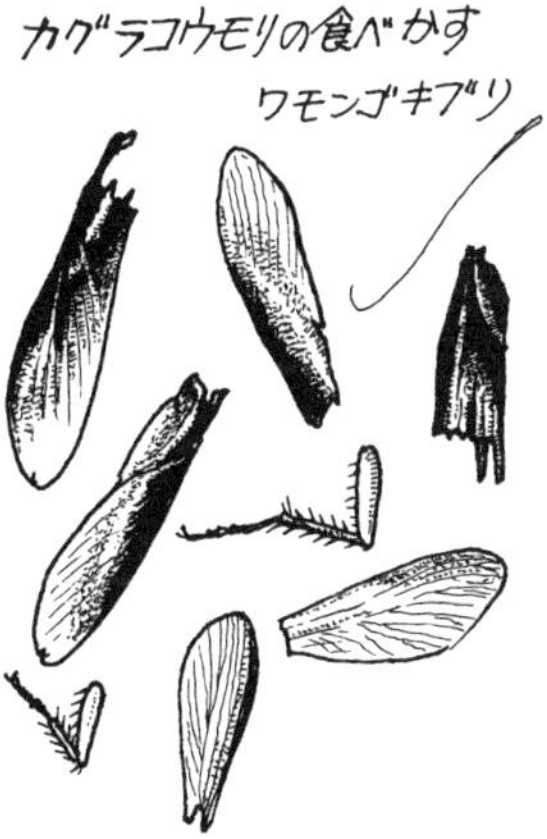
カグラコウモリの食べかす
ワモンゴキブリ

ゴキブリは進化しないの？ 【ゴキブリ④】

「ゴキブリオヤジさま、あけましておめでとう。オレのダチをあげます」

そう書かれたメモと一緒にブンゴから生きたゴキブリが届けられた。ブンゴは正月休みに八丈島に行き、そこでサツマゴキブリを捕ってきてくれたのだ。そしてこのゴキブリも僕の机の後ろで飼われ、ときどき授業にゲストとして参加してもらうことになった。

サツマゴキブリは小判形のゴキブリだ。前胸のヘリには白い縁取りがある。何よりこのゴキブリには成虫になっても翅がないのが特徴である。八丈島出身のチオによれば、ときどき台所にも入ってくることがあるよというけれど、基本は日本の南部で屋外の朽木の皮の下などに見られるおとなしいゴキブリだ。

サツマゴキブリはゴキブリ嫌いの生徒たちにも受けはいい。「こんなに近くでゴキブリ見たことなかったよ」とのぞき込んだりする。ノリは「カッコイイなコレ。ダースベーダーみたい」といい、「これって先祖形なの？」と聞いてきた。翅がない姿が三葉虫など昔の生物に似ていて、それに比べて普通のゴキブリは進化してそうだというのだ。

「ネェ、ゴキブリって大昔からいるんだろ。進化してねぇの？　なんでそんなにずっと生き残ってるんだ？」

授業のなかでアライは僕にそう聞く。彼はゴキブリはずっと変わってきてないと思っている。さてノリとアライどちらが正しいのか。

ゴキブリの先祖にあたる昆虫（原ゴキブリ類）は約3億年前に登場する。翅も原ゴキブリ類は、一見、今のゴキブリと変わっていないように思える。翅もちゃんとあり、むしろ今のゴキブリよりも大きいぐらい。しかし、よく見ると違いがある。例えば今のゴキブリは、背面から見ると頭が前胸に隠れてほぼ見えない。ところが原ゴキブリ類では他の昆虫のように、背面から頭が見える。また、今のゴキブリは卵を卵鞘に包んで産むが、原ゴキブリではお尻から突き出る産卵管から卵を一つ一つ産んだよう。原ゴキブリが今のゴキブリに代わるのは、時代が下がって恐竜時代、原ゴキブリからカマキリが分かれてからだ（カマキリはゴキブリの親戚筋の昆虫である）

サツマゴキブリは原ゴキブリから引き継ぐ翅を退化させているわけだ。さらにサツマゴキブリは卵胎生のゴキブリでもある。卵鞘を産むゴキブリよりもさらに進化しているわけ。結局、ノリもアライもどっちも間違っていたことになる。ゴキブリもモデルチェンジを行なってきた虫なのだ。

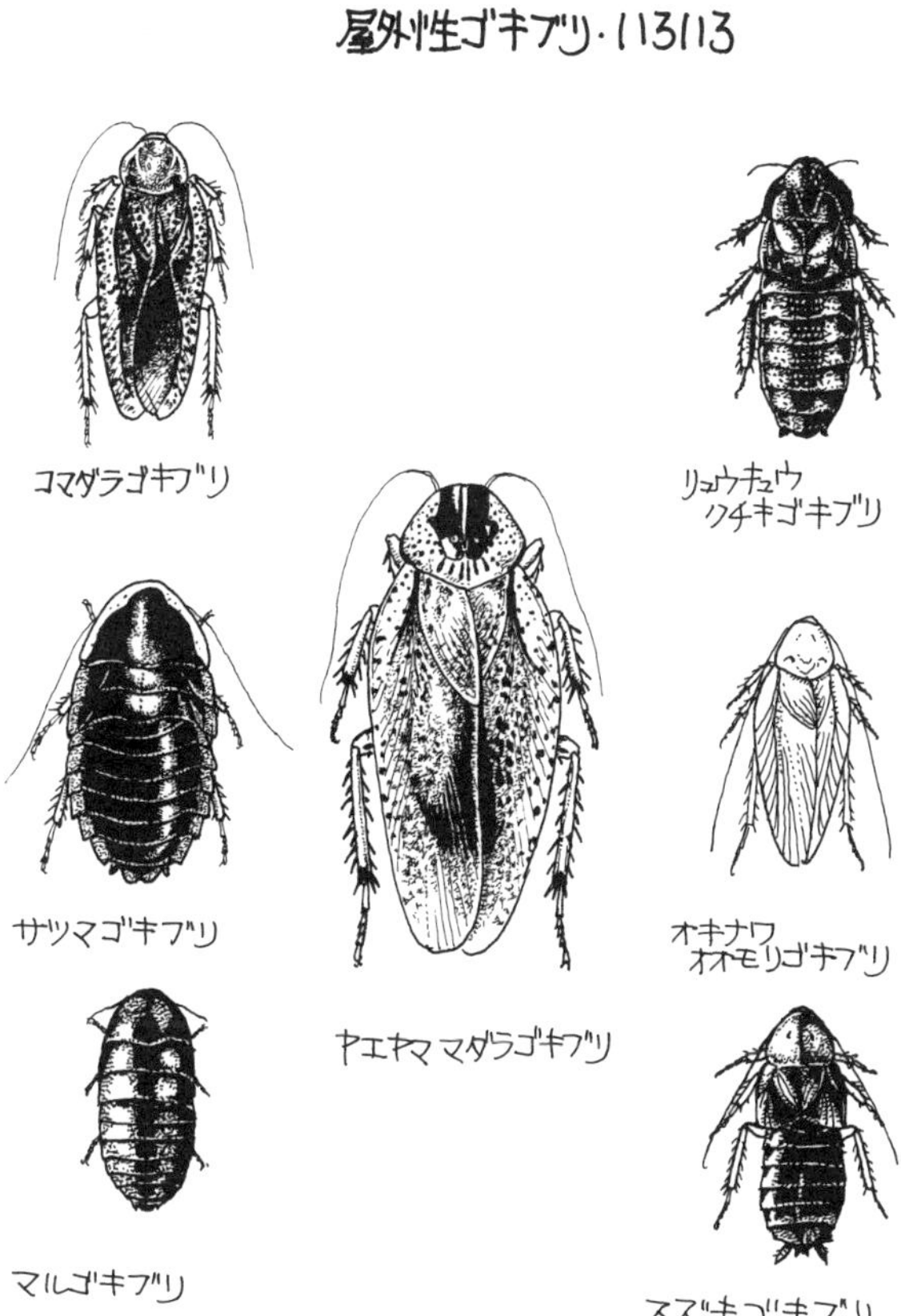
屋外性ゴキブリ・いろいろ
コマダラゴキブリ
リュウキュウ
クチキゴキブリ
ヤエヤママダラゴキブリ
サツマゴキブリ
オキナワ
オオモリゴキブリ
マルゴキブリ
スズキゴキブリ

触れるゴキブリ

【ゴキブリ⑤】

沖縄の小学校で虫の授業をすることになって、僕は家で飼っていたゴキブリを教室に持ち込んだ。僕が持っていったゴキブリは、ヤエヤマオオゴキブリの幼虫である。成虫は翅があるが幼虫には翅がない。背には赤い斑がふたつあり、黒い体にアクセントをつけている。脚は太短くトゲが多く、成虫になると4㎝を超えるなかなかゴツいゴキブリだ。このゴキブリも屋外性のゴキブリのひとつ。森の中の湿った倒木に棲み、性格はいたっておとなしい。このゴキブリは手乗りにして生徒たちに見せることができるので、こうした学校での授業にはもってこいだ。

「触らせて!」

「生まれて初めてゴキブリ触った！」

「名前は何というの？」

僕は飼っているゴキブリに名前をつける趣味はないが、とっさに「ゴキ次郎」と言ったら受けた。

さてこのゴキ次郎のエサは朽木だ。朽木だけ食べていても消化管内の共生微生物が消化を助けてくれるというシロアリみたいなゴキブリだ。ちなみに僕がヤマトゴキブリを飼っていたときのエサはドッグフードとカリントウ（これは僕の好物）だった。サツマゴキブリは朽木もかじるが、雑食性のようなのでドッグフードもあげていた。基本的にゴキブリを飼うのは、エサに関しては楽だ。ところが数カ月間飼育していたゴキ次郎は、その後あえなく死亡してしまった。夏場に飼育容器が高温多湿になりすぎたことが死因と思われた。朽木だけあげてればいいやと、毎日世話をやかずにいたのが裏目に出たのだ。だからオオゴキブリの一生はまだ見れずにいる。

野外でオオゴキブリを捕まえると、なかには翅が切れてしまったものがいる。原因として、「すれてしまった」という説と、「仲間どうしでかじり合うから」という説がある。確かめられてはいないのだけど、後者とすると朽木食のゴキブリにも雑食の気はあるらしいことになる。

ゴキブリの祖先にあたる原ゴキブリ類はもともと暖かい気候のもと、こうした湿った材に潜んで暮らしていたのだろう。原ゴキブリ類はその名も石炭紀という、石炭の元になった大森林が地球を覆っていた時代に大繁栄したことがわかっている。現在、4000種ほどいるとされるゴキブリの多くは熱帯産だ。アライが「なんでそんなに生き残ってるんだ？」と言ったけれど、昔から好みの環境は変わっておらず、またゴキブリがよくその環境に適応したから生き延びたのだ。そんなゴキブリの中で、人家に棲みつくようになったものたちは、ゴキブリの中でも一種特殊な「エリート」といえるかも。

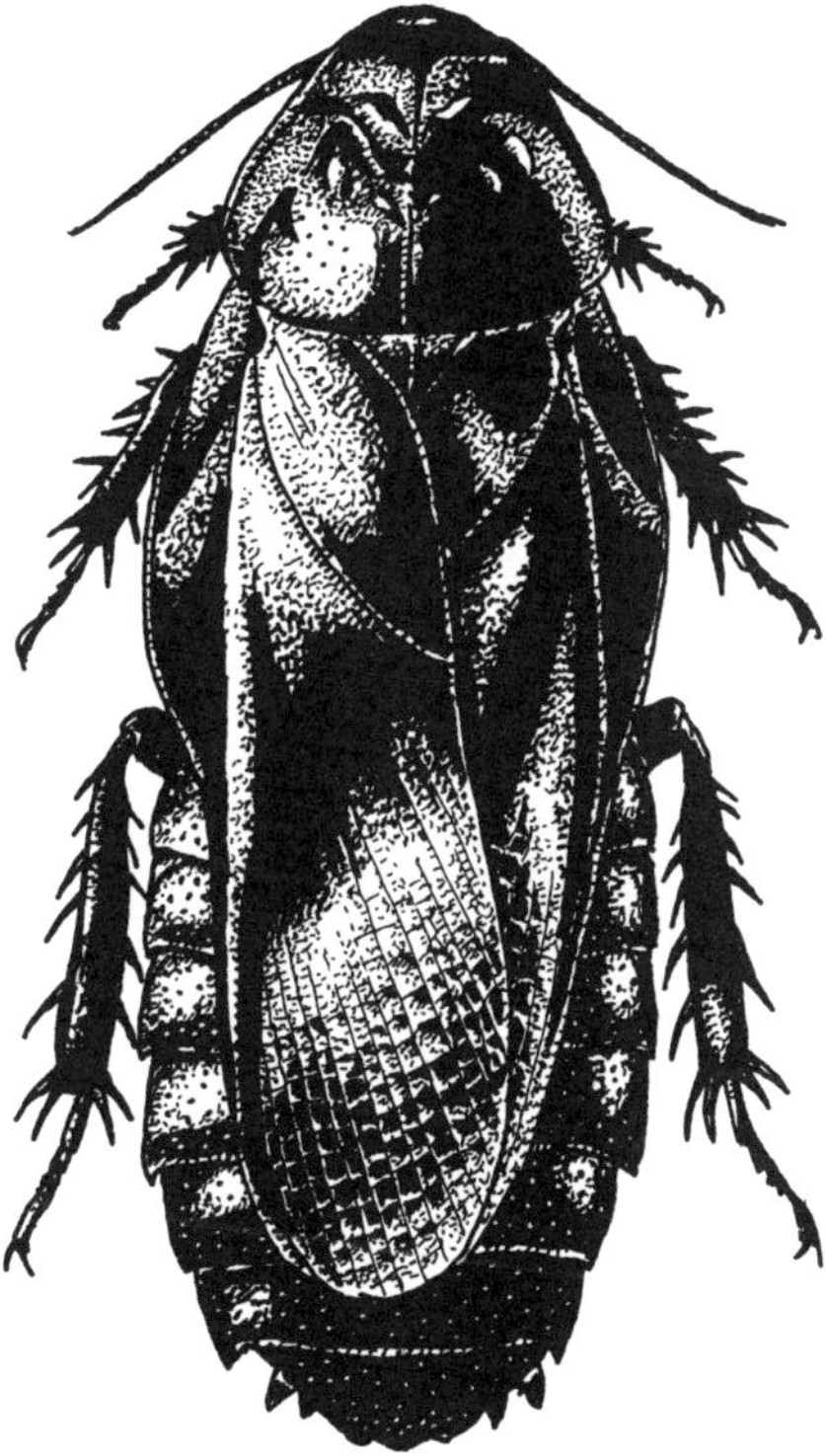

オオゴキブリ（37mm）

カメムシはなぜ臭い？【カメムシ①】

「この前おれの部屋で、こっちは何もしてないのに、カメムシが自分で転んでニオイ出してんだぜ。カメムシってニオイ出せると思って、ちょっといい気になってるよな」

男子寮生がプリプリしてそう言う。

「でさ、カメムシはニオイをナゼ出すの」

これは天敵の捕食を免れるためだろう。僕は単純にそう思っていた。ただ、その天敵っていうのはだれだろう。常識的に考えれば、まず鳥だ。

あるとき知人から僕のところへソウシチョウの死体が3羽まとめて届けられた。

ソウシチョウはヒマラヤ付近原産の鳥だが、日本に飼い鳥として持ち込まれ、そこからカゴ抜けをしたものが現在あちこちで野生化している。持ち込まれた鳥はベランダに落ちていたということで、どうも集団で窓ガラスに突っ込んでしまったものらしい。なにげなくこの鳥の食性を知ろうと思って解剖をしてみて驚いた。胃の中から出てきたのは、バラバラになったカメムシの破片だったからだ。破片をより分けてみると、中身はクサギカメムシ1匹と、チャバネアオカメムシ2匹とわかった（このほかに小さなタネと小型のハチを食べていた）。これらカメムシはいずれも臭いニオイを出すやつらだ。そしてもう1匹のソウシチョウの胃の中にも、同じくカメムシが3匹入っていたのだった。

モズのハヤニエを見て歩くと、そこにもカメムシが交じっていることがある。26例中、オオキンカメムシとオオクモヘリカメムシがそれぞれ1例ずつ見つかった。

もっと直接的な例でいうと、一度僕の家でカルガモのヒナを保護して飼っていたことがあったが、こいつは虫を与えるとよく食べ、試しにクサギカメムシやチャバネアオカメムシを与えても、喜んでバクバク食べたのだ。

そうした例を見てゆくと、カメムシのニオイはけっして無敵ではないことがわかる。いったいだれに対して有効で、だれに対して無効なのかは、もう少しちゃんと観察する必要がある。

ジョロウグモの巣にかかっていた獲物を１０２巣で調べてみたら、全部で１４９匹の虫が引っ掛かっていて、そのうち45匹がカメムシだった（筆頭はチャバネアオカメムシの36匹）。そしてまさにカメムシを捕食中のクモも見た。これまた案外食べられている。

カメムシの多くが地味な色をしているのはめだちたくないからだ。弁護するわけではないが、けっしていい気になってはいないと思う。

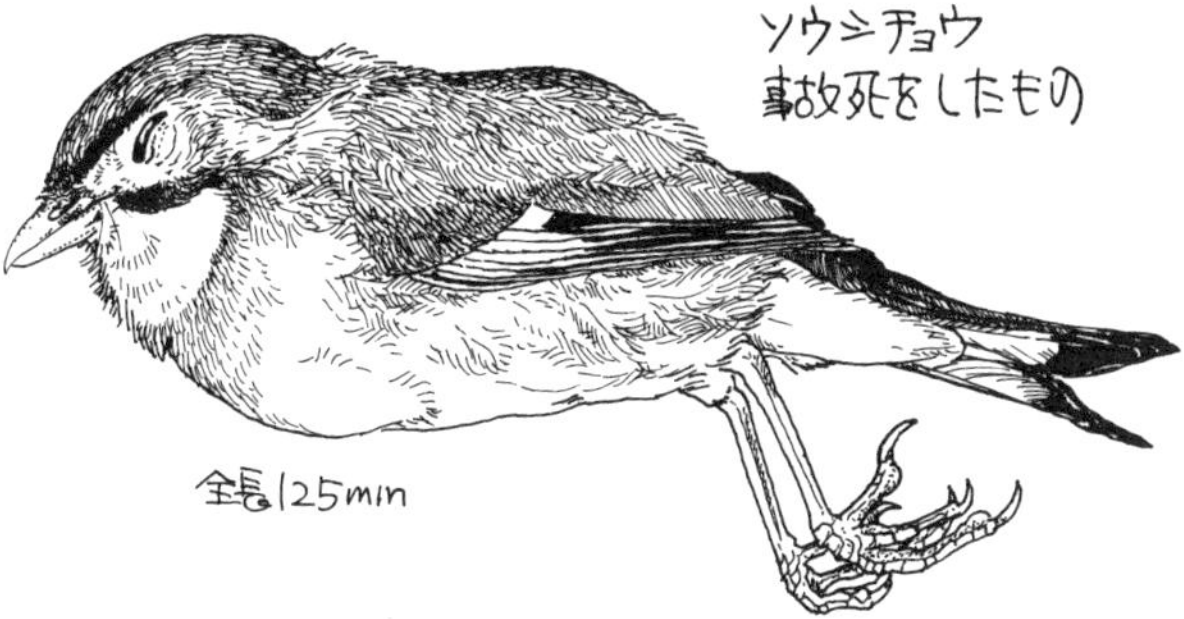
ソウシチョウ
事故死をしたもの
全長125mm

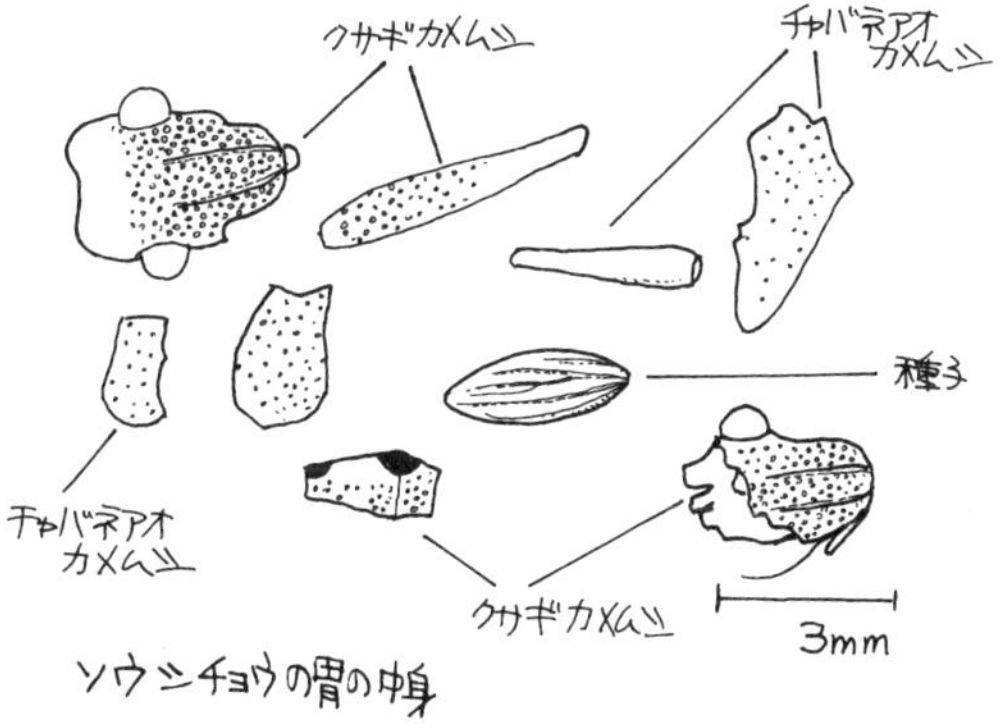
クサギカメムシ
チャバネアオカメムシ
種子
チャバネアオカメムシ
クサギカメムシ
3mm
ソウシチョウの胃の中身

カメムシのにおいはどこから？【カメムシ②】

僕の授業のなかで、生徒たちに自由に自然観察のテーマを決めさせたら、寮生のニーミたちが「カメムシを研究する」と言いだした。

「あの臭いニオイはどっから出すんだ」

まずそれをつきとめたい、と言う。

季節は冬。そこで越冬のためにやってきたカメムシを探し出すことから始めた。校舎の脇に古ダタミが置いてある。そのあたりにいそうだ。タタミの上に置いてあった箱をどけると、その下に予想にたがわずカメムシがいた。多数のクサギカメムシと、2匹のキバラヘリカメムシだ。

「ここにいそうだよね」

近くのサクラの木のまたにかかっていた軍手をニーミがどけたらやっぱりここにもいた。11匹のクサギカメムシだった。

大漁のカメムシを袋に詰め、教室に向かう。

まず1匹のクサギカメムシを僕がつまんで、裏返しにして実体顕微鏡でのぞいてみる。と、出てる出てる。中脚の付け根に細いスリットがあり、そこから透明な液体がにじみ出しているのが見える。カメムシはお尻からガスを出すわけではなかったのだ。

「見せて見せて。うぉー出てる！」

入れ代わり立ち代わりカメムシ研究グループの男子たちが顕微鏡をのぞいておたけびを上げる。

「カンベンしてくれ！」

教室の中でほかのテーマを選んだグループからは、僕らは非難ゴーゴーである。

「このニオイ抽出できないかな？」

ニーミたちは今度はそんなことを言いだした。そしてカメムシを解剖して、ニオイ袋らしきものを取り出し、調合を始めた。

アルコールで抽出しようとしたがうまくいかない。化学の教員と相談して、次はエーテルを使って抽出を試みた。

「うぉーくせえ」。またおたけびが上がる。

カメムシのニオイの成分は本によれば、アルデヒド、エステル、酢酸、炭化水素などであり、このうちアルデヒドがいちばん基本の物質だという。カメムシのニオイはだれに対して役に立つのか？　と書いたけれど、アリに対しては効果があることが確かめられている。そしてカメムシ自身も、このニオイの液が体内に入ってしまうと、中毒して体がマヒするという。体の大きい僕らだからこそ、「臭い」というだけで済んでいるのだ。もっとも一度カメムシを口に入れたことのある僕は、二度と食べようとは思わないけれど。

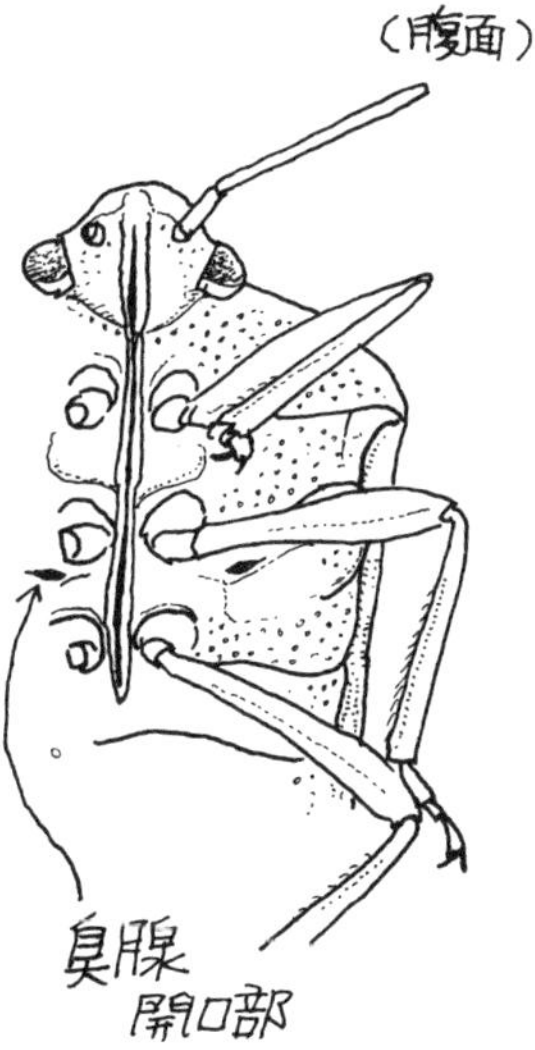

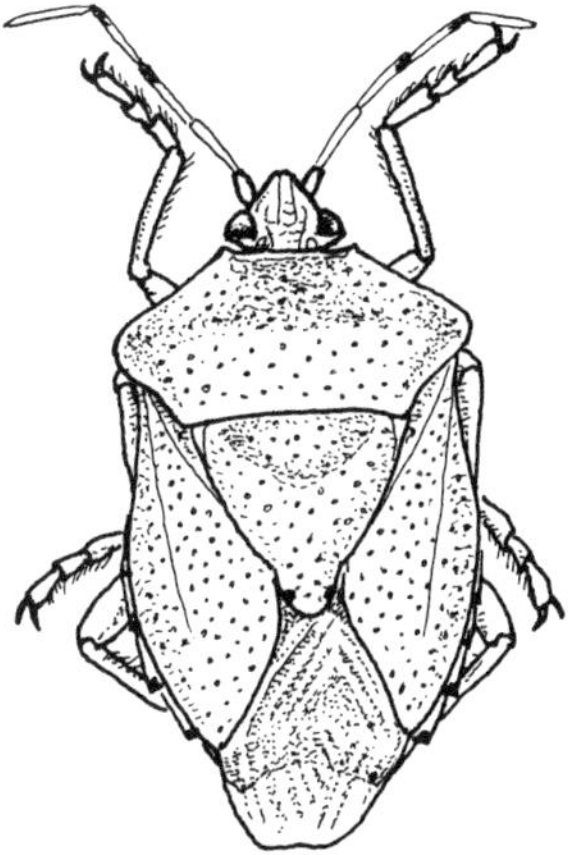

アオクサカメムシ　体長15mm

スズメバチ＋コオロギ＝？

【カマドウマ】


「ゲッチョ来てくれ」。スダがやってきた。

「木工の授業で、材料の材木どけたら変な虫がいたんだ。スズメバチとコオロギをたして2で割ったようなやつなんだ」

なんじゃそりゃ、と思って一緒に現場に行ってみる。するとそこにいたのはなんとカマドウマだった。「カマドウマじゃないか」と言ってスダに放り投げたら、彼は「おれ虫嫌いなんだ」と飛んで逃げた。

カマドウマは不人気昆虫のなかでも上位を占めるだろう。ハブやピラニアを学校で飼っていた最強の生物系生徒ヒラマツも、カマドウマだけは苦手だ、という。一度学校近くの炭焼きガマ跡に入ったら、そこらじゅうにカマドウマがいて腰を抜かしたことがあると述懐した。カマドウマの名は屋内のカマド付近でよく見られたことによる。そんなカマドウマを、研究をしている人がちゃんといる。

そんなカマドウマファンのひとりのウチダさんと、わざわざカマドウマを見に洞窟へ行く。そしてこの日洞窟の中で見たのは、その名もカマドウマという種類と別の種類のマダラカマドウマだった。カマドウマにも種類がいるのだ。

カマドウマに種類があるだけでなく、種類によってその棲みかも違っている。マダラは主に野外で暮らしていて、洞窟のほか、排水パイプの中なんかでも見かける。一方カマドウマのほうは人家にも入ってくる。なかにはコノシタウマのように林床に暮らすものもある。つまりカマドウマには大きく林床型と洞窟型があって、人間が家を作ったときにそこに引っ越してきたものがいる、というわけ。そのなかでもクラズミウマという種類は人家の中でばかり見つかる。こうしたことから日本にもとからいたものではなくて、中国原産なのではと考えられている。

沖縄の知人から、あるとき「カマドウマって何ですか」と聞かれたことがあってびっくりした。彼は「東京に行ったとき、友人が軽井沢の別荘にカマドウマがいて、という話になったけどついていけずバカにされた」と言うのだ。沖縄にもカマドウマの仲間はいるのだけれど、洞窟などの本来の棲みかが好きで、人家に入ってくる種類がいないらしい。

かつて土間のカマド周辺に好んで棲んだカマドウマも住環境の変化で屋内に棲みづらくなっている。土間の消失が原因だ。やがてスダのように本土でもカマドウマを見たことがない人が増えるかもしれない。

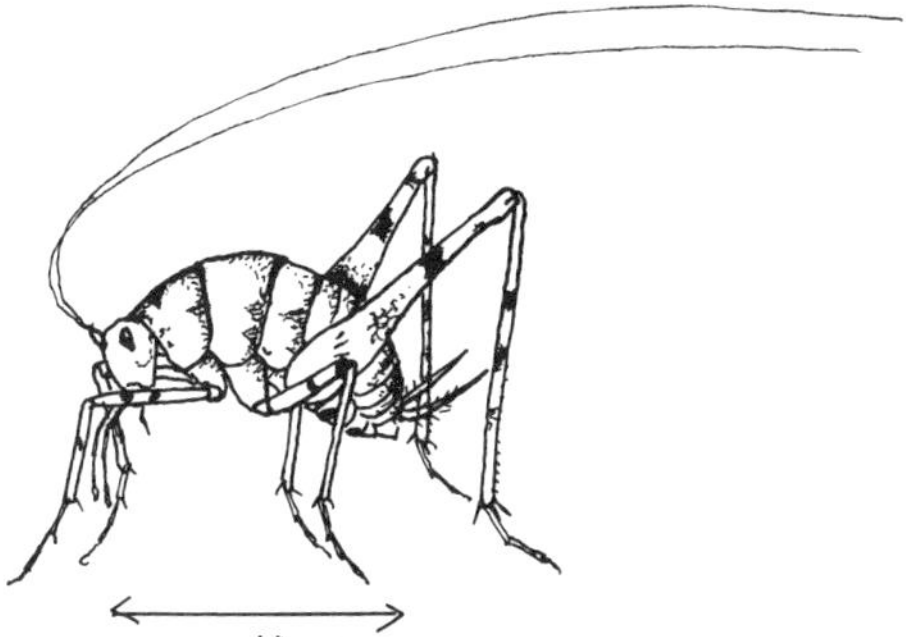

14mm
クラズミウマ

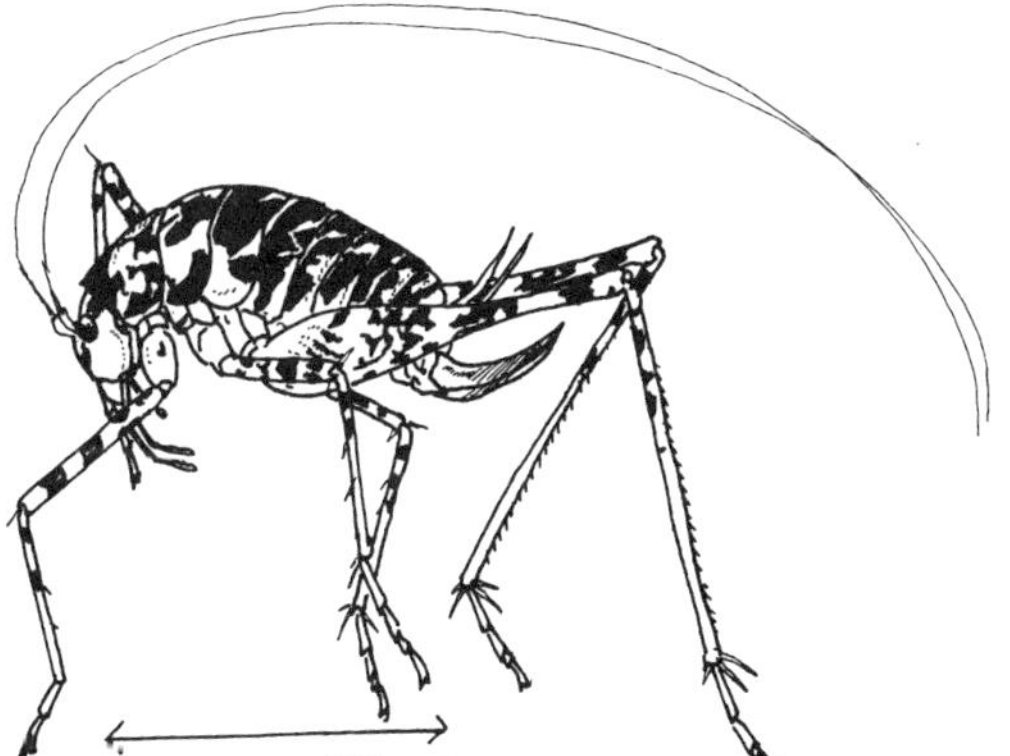

20mm
マダラカマドウマ

ハエの殖え方【ハエ】

廊下でバッタリ会ったマイが「よかった、捜してたんだ」と泣きつきそうになりつつ僕に言う。「ゲッチョは生物だったらなんでも受け取ってくれる?」そして彼女は僕に包みを手渡した。中には「昨日の晩作ったカボチャのふかしたものに、ハエの卵が産み込まれてました」というメモと、そのハエの卵が付いたカボチャが入っていた。苦笑しながら、そのハエの卵つきカボチャを処分した。

ハエも嫌われものであるのだが、僕のやっていた高校の選択授業のなかで、テツコやハナたちがハエを観察する、と言いだした。なぜかこの授業のとき、理科室周辺にハエが多かったことがキッカケのようだった。そしてもうひとつは、やっぱり「怖いもの見たさ」からだ。

ハナたちはまずは天井のハエを網を使って捕まえ、実体顕微鏡でのぞき込む。捕まえるのにまずワーワーキャーキャー。そして顕微鏡をのぞいては、「ワーッ、キモチわるい。ダメ」などと盛大に悲鳴を上げている。しかし一方で、理科室にハエ捕り紙をしかけ、そのハエ捕り紙をだれかが処分したといって怒っているのである。そんな彼女たちが次にやったのはハエの解剖。「体の中からウジ出てきたよ」と興奮してその報告をしてくれた。結局、彼女らの一番の発見がこれだった。

腐肉トラップを作って校内に仕掛け、腐肉に集まる虫を調べたときのことだ。ふたに小穴を開けたフィルムケースに肉を入れ、紙コップにつるして地面に埋める。やがて肉が腐って、シデムシなどが採集できる。それを生徒たちが回収していたときに、フィルムケースの中にわいているウジを見て議論になった。

「こんな穴にハエ入んないよ」

「もとから付いてたんじゃないの？」

何を言うか、である。このとき使った肉は、わが家の夕飯の残り。ちゃんと冷蔵庫にあった肉だ。生徒たちのなかには、「ウジはわく」という一種の自然発生的感覚が根強く残っているのだ。

ウジはもちろんハエの幼虫だ。ただそのわき方には今まで書いたように2タイプある。ひとつはキンバエのように卵を産む場合。そしてもうひとつはニクバエのようにウジを直接産む場合。「ハエをつぶしたらウジが出ることあるよね。なんか変」とサトコは言うけれど、ハエのなかには卵胎生のものがいる。ニクバエではこうして産みつけられたウジは、高温下だとわずか4、5日でさなぎになるという。腐肉は不安定な食料だ。見つけたらすぐに利用し、成長するためにニクバエはこんな技を身につけている。

何でもといっても....
プレゼント
カボチャ
ハエ卵つき

こんなに大きなカって？【オオカ】

「教室の天井に止まってた」

中学1年のジュンたちがドヤドヤと1匹の虫を持ってやってきた。ひと目見て、うなる。よく見つけた。僕はまだ実物2度目の対面だ。

「これカだよ。オオカっていうの」

「えーっやっぱりカなんだ」

「人の血を吸う？」

「こんなのに血を吸われたら気絶しちゃいそう」

たちまちワイワイと賑やかになる。

僕が初めてオオカを見たのは学校近くの神社だった。境内の社殿に巣を構えるニホンミツバチや、縁の下のアリジゴクなんかを見て帰りかけた。そのとき境内のシラカシの大木の幹に気になる虫がいた。最初はガガンボかとも思った。が、近づくとガガンボではない。カだった。それもばかでっかいカなのだ。体長11㎜。長い脚を広げれば3㎝にもなるカだ。体はまた青い金属光沢も混じり美しい。普通のカに比べ、飛び方もゆっくりしている。つぶさぬよう気をつけて手で捕まえ持ち帰った。

「血を吸われたら気絶しそう」と生徒は言うが、このオオカは血を吸わない。カが血を吸うのは卵を作るためだ。そのため普通のカも雄は吸血しない。オオカの口吻は7㎜もあるが、オオカは雄も雌も血を吸わない。これで花の蜜を吸う。

話は飛ぶが、ハワイにはもともとカは棲んでいなかった。ところがキャプテン・クックによって「発見」され、捕鯨基地としても利用されるようになると、あちこちから移入動物がハワイに入り込んだ。そのなかにカもいた。帆船時代の飲料水入れの樽の中にわいていたボウフラが原因といわれている。

こうして入り込んだカは、人の血を吸うだけでなく、ハワイ固有の鳥たちに病気を媒介し、個体数を減少させるというやっかいな問題も引き起こした。ハワイでは、このカ退治のため、わざわざ外国からオオカを輸入し、放ったという話が本に紹介されている。4種のオオカを放し、うち2種が定着したということだ。なぜカ退治にオオカを放したかといえば、オオカのボウフラは、他のカのボウフラを食べるからだ。この話が載っている『蚊の話』(北隆館)の中には、1匹のオオカのボウフラは、250匹のほかのカのボウフラを食べて成長した、という話も載っている。

この後、神社の境内に再び行って、さんざんオオカのボウフラを探してみたのだが失敗に終わった。ただのヤブカにしこたま刺されただけだった。ヤブカは多いのにオオカはなぜ珍しいんだろう。オオカは普通のカのイメージとはかけ離れたカだ。

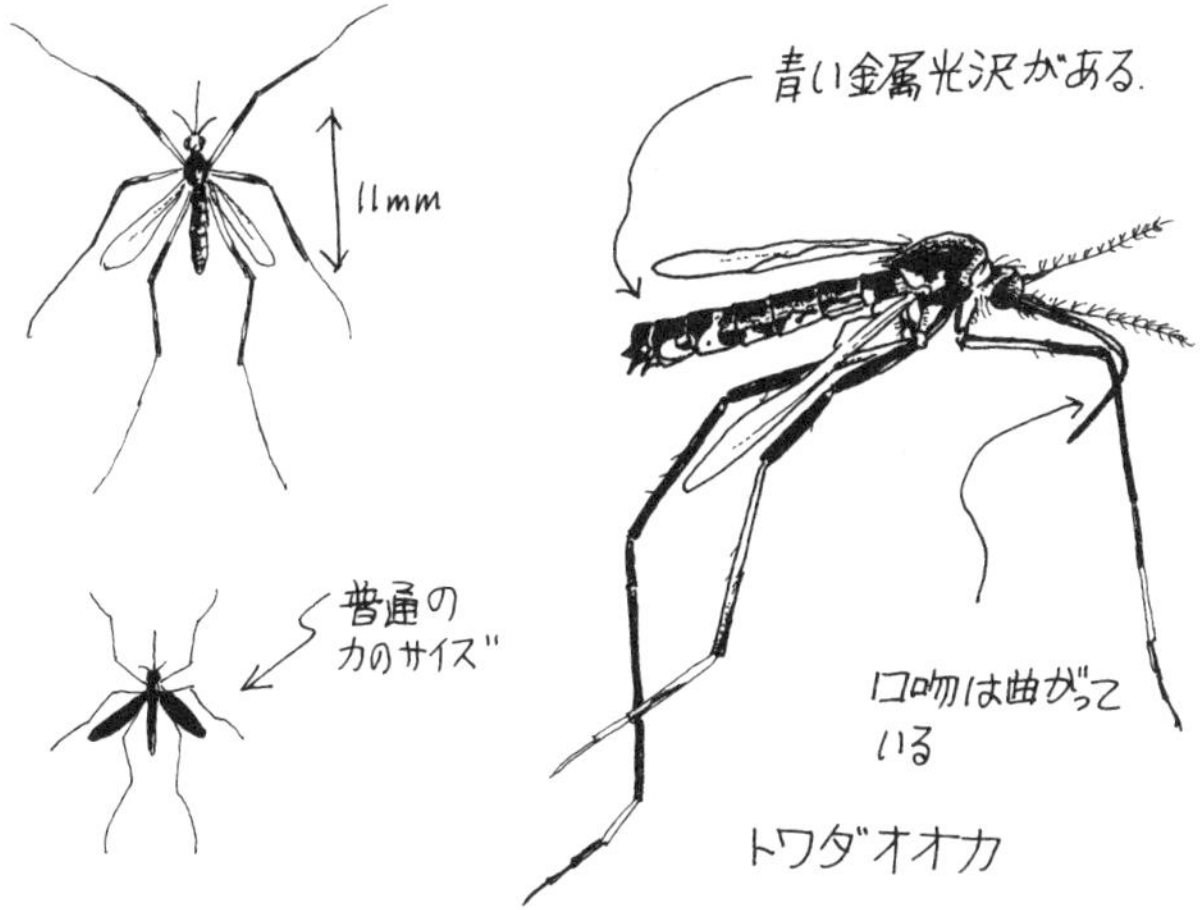
11mm
普通の
カのサイズ
青い金属光沢がある.
口吻は曲がって
いる
トワダオオカ

ダニのイメージ【マダニ】

「ゲッチョに見てもらいたいものあるんだけど」

中学生のルリが僕を呼び止め、かばんの中をゴソゴソとかき回す。手にしたものは、ひとつのフィルムケース。

「あのね、家の犬の口のあたりに付いてた変な虫なの。これ、寄生虫？」

フタを開けると、中にはみごとに太ったマダニが入っていた。

「この前変な虫いたんだよ。うちの犬にできものができた？　と思ったんだ。最初取ろうとしたら取れなかった。ブヨブヨしてて、病気かな、と思った。でも取れたんだ。それで取れたら虫。真ん中に脚があって、つぶしたら血がビョーと出てびっくり」

ヨウスケもそう言ってきた。「そりゃダニだよ」と言うと、「えっダニ？でもあんなに大きかったよ」とけげんそう。

生徒たちにとって、ダニとはごくごく小さな生物だというイメージがあるらしい。だから血を吸って体長7㎜にもなったダニは、彼らのダニの範疇を超えてしまっている。

マダニの成虫は、一度吸いつくとゆっくりと吸血を続ける。ヨウスケが、引っぱっても取れなかったというのは、マダニが血を吸うとき、顎体と呼ばれる口器を皮膚の中に差し込み、そのうえ、セメント状の物質で上塗りして体を宿主にしっかりとくっつけてしまうからだ。無理に引きちぎると、この口器が皮膚の中に残ったままになってしまう（こうなると傷口は化膿してしまう）。そして充分に血を吸ったマダニは、このセメント物質を自分で溶かし、ポロリと落ちる。

ルリがフィルムケースに入れて持ってきたマダニは、容器の中ですでに産卵を始めていた。ひとつひとつの長径が0・4㎜ほどでチョコレート色の卵をびっしりと産んでいる。産卵経過を詳しく調べた人によれば、死ぬまでに1000個以上の卵を産む、ということである。

僕は学校でよく野生動物の交通事故死体を拾って解剖をした。そのなかでタヌキがいちばん多く扱ったものだが、拾ったばかりの新鮮な死体にはダニがワラワラといる。このダニを殺すのが解剖にあたってまずいちばん最初の仕事だった（お湯をかけたり、もっと手軽には一度冷凍してしまうとよい）。ただこのときくっついているダニは、マダニではなくもっと小さいいわゆる「ダニっぽいダニ」。このダニは体表を自由に駆けまわり、ふと気がつくと解剖をしている僕らの手足にもくっついていた。やっぱりダニはイヤと僕も思う。

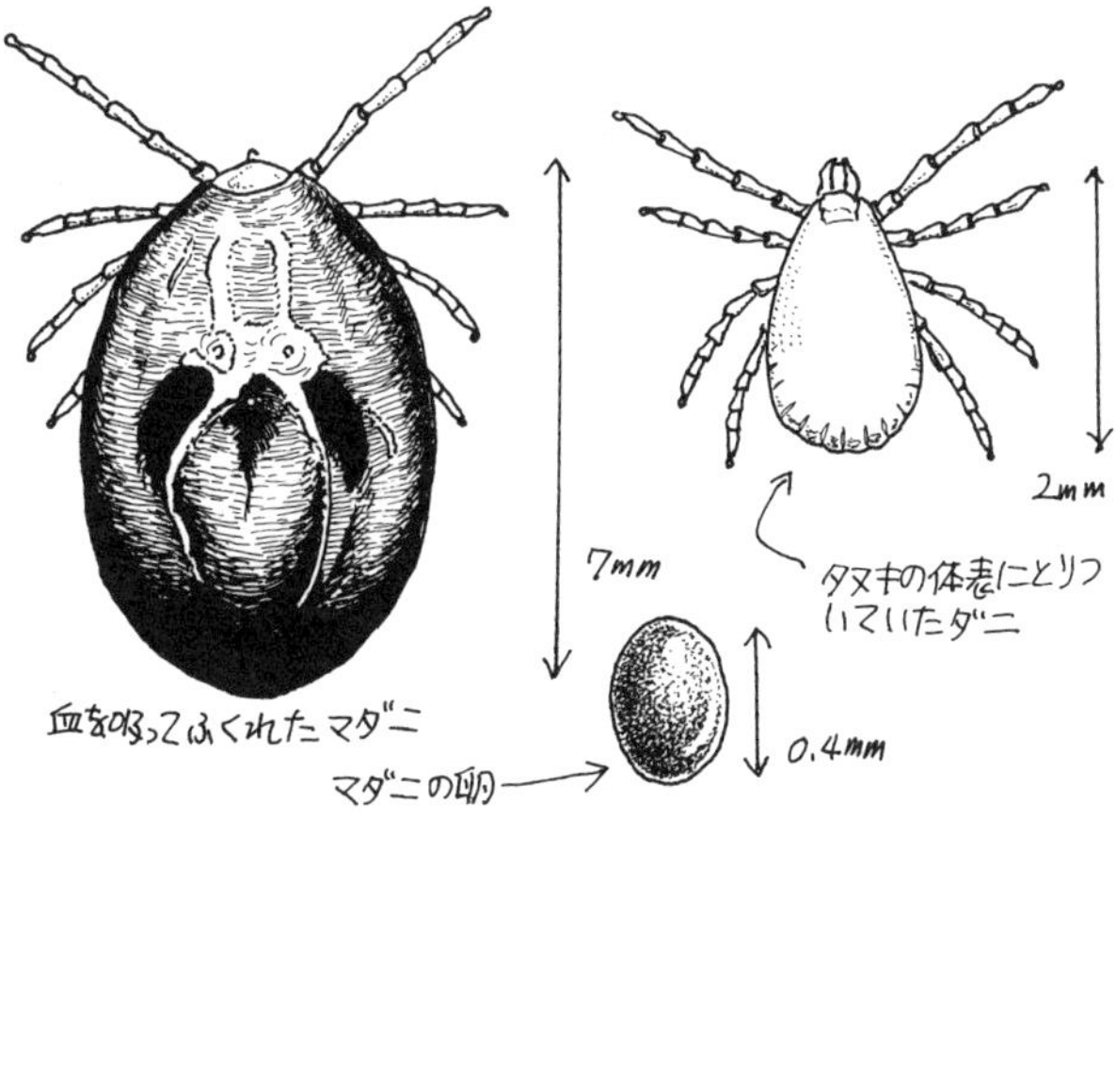
7mm
血を吸ってふくれたマダニ
2mm
タヌキの体表にとりついていたダニ
0.4mm
マダニの卵

標本のダニ？　【カツオブシムシ】

「ダニがいる。スゲースゲー、ちょっと来て」

中学生のシュウヘイらが僕を呼びに来た。

連れていかれた先はなんと理科準備室。そして彼らの指をさすところを見ると、そこにボロボロのカブトガニの標本があった。生徒の親戚で瀬戸内で漁師をやっている人がいた。その人が網にかかったカブトガニを干し、ニスを体表に塗ったものを学校に寄贈してくれた。いつ採集されたものかは聞いていないが、しっかりしたもので授業のときにたびたび登場してもらっていた。

ところが僕らの学校の理科準備室にはそれ以外の怪しいものがたくさん詰

め込まれていた。特に骨格標本が多かった。これもキレイなものだといいのだが、みな手作りだったので、なかには充分肉が取りきれていないものも交ざっていた。なにしろ僕は無精者。気がつくとそうした標本に虫がわいてたのである。カブトガニの標本は表面にニスが塗られていたので大丈夫とたかをくっていたら、ある日突然のように虫に食われ無残な姿になってしまった。表面に穴が開き、そこここに食べカスのホコリのようなクズが張りついている。そして毛の生えた幼虫や、その幼虫の脱皮殻もたくさん張りついている。シュウヘイたちはこの標本にたかる虫がダニだと思ったのである。

「これは昆虫。ヒメマルカツオブシムシの幼虫だよ」と言ってもだれも手を出そうとはしなかった（確かに気持ちのいい光景ではなかったけど）。

ヒメマルカツオブシムシはカツオブシの名のとおり、乾燥した動物質が大好きな虫である。大事な昆虫標本だって見逃してはくれない。迷惑千万この上もない。僕的にはゴキブリよりもこの虫のほうがキライだ。毛むくじゃらな幼虫は標本を食い荒らして暮らしているが、羽化すると小さな甲虫になる。

そして成虫はなぜかマーガレットなどの花の上でもよく見つかる。

乾燥動物質を食べる、ということであれば逆に骨格標本を作るのに利用できないだろうか、と考えた人もいる。博物館等で骨格標本を作るのに、動物をミイラ状に干してから、カツオブシムシに食べさせ骨を残すというやり方だ。しかしこれに適したカツオブシムシの種類というのがまたあるのだ。実際にこうして骨取り用にわざわざ飼育されているのは、ハラジロカツオブシムシだという。一度ヒメマルカツオブシムシに小鳥のミイラを食べさせてみたが、小骨まで食べ荒らしてキレイな標本にはならなかった。だからたいていの虫を見て喜ぶ僕も、この虫だけはカンベンである。

カツオブシムシいろいろ

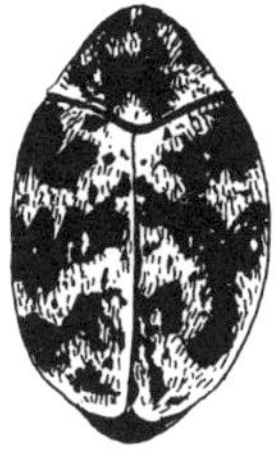

ヒメマルカツオブシムシ
体長2.8mm
幼虫は動物標本の大害虫。

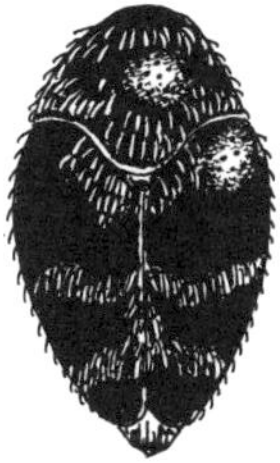

カマキリタマゴカツオブシムシ
体長3mm
幼虫はカマキリの卵のうを食べる、という変わり者。

オビヒメカツオブシムシ
体長4.5mm
沖縄の僕の家にすんでいるが、何を食べているのかは？

コラム③
これも血を吸う？

　5月中旬、クラスの生徒たちと散歩に出かけた。その帰り道で、コンクリの壁に這っていたヒルを発見。みんなが「ヒルなんているの？」と聞いてくる。そこでこいつを袋に入れて学校へ持って帰ることに。近くで見つけたカタツムリも一緒に袋に入れて持ち帰る。学校に帰ってみると、この「ヒル」、カタツムリに覆いかぶさって捕食中だった。

　こいつは血は吸わずに、カタツムリやミミズを食べている。名前はコウガイビルというが、ヒルの仲間ではない。ヒルはミミズに近く体に体節を持つけれど、このコウガイビルには体節がない。何よりカタツムリを食べるときに、殻の口に頭を突っ込んで食べるようなことはしない。コウガイビルの口は腹部についているのだ。

　カタツムリから引きはがしてみると、腹部裏面に伸縮自在の白い突起が出ていた。これが口。そしてここから消化液を出して溶かし、カタツムリをすすり込むのである。このケッタイなヒルモドキは、生物の教科書の再生実験で有名なプラナリアの仲間なのだ。

「東京の井の頭公園でナマコの腸みたいなのが落ちていた。しっぽつんつんしたら、突如ふたつにちぎれてそれぞれ反対側に這っていったのでびっくり……」

　卒業したムギに会ったら、こんな不思議生物の話をしてくれた。この生物もコウガイビルの仲間で、オオミスジコウガイビルという種類。最大1mにもなるというとんでもない種類だ。

第4章　育虫記

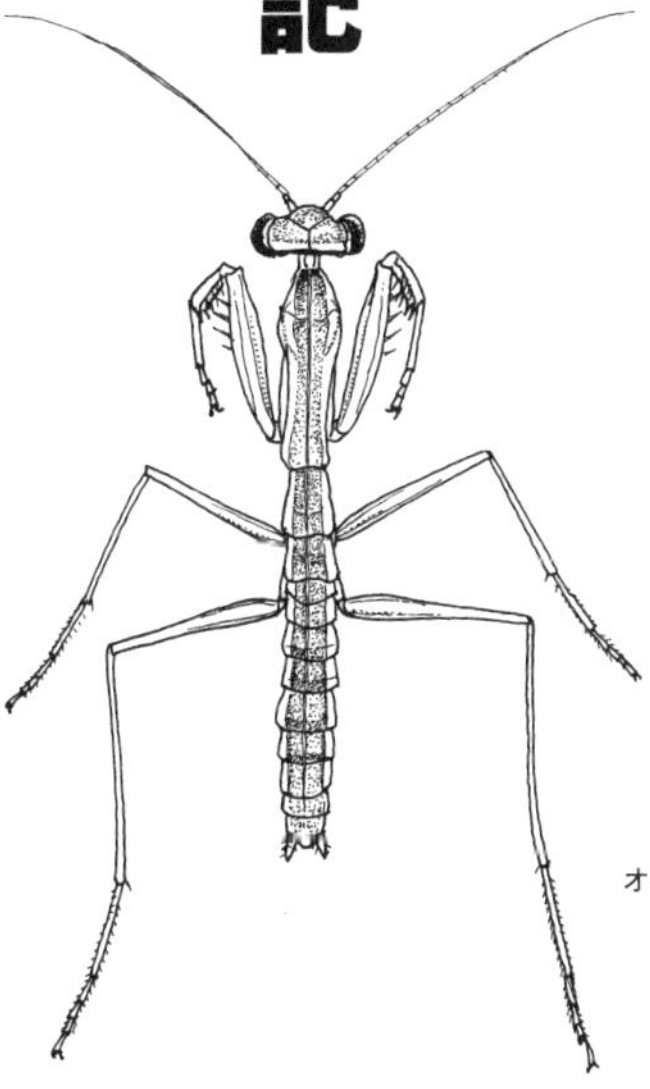

オオカマキリ一齢幼虫

地中の球

【ダイコクコガネ】

スリランカにボランティアに行ってきたテツコが帰国報告にやってくる。道路整備のボランティアをやってきたのだが、そのなかで道を掘っくり返していたら変なモノを見たというのだ。

「穴掘ってたら、野球ボールみたいなのが地面の下からでてきて、それを子供がつぶしたら黄色い汁が出たんだよ。何だろう、と思って地元の人に聞いたら、その人が木のヘラでボール割ったの。そしたら中からクリーム色の太った虫が出てきて気持ちわるかった。『お父さんお母さんが作った』なんて言ってたよ」

地中のボール、これはおそらく糞虫の作った育児用の糞玉だ。こうした玉を作るものはフンコロガシが思い浮かぶけど、ほかにダイコクコガネの仲間もこんな玉を作る。おそらくテツコの見たものは、大型のダイコクコガネが水牛の糞を材料にして作った糞玉じゃないだろうか。

ダイコクコガネ類は糞玉を作るけれど、糞は転がさない。糞の下に直接トンネルを掘って、部屋を作り、その中に引き入れた糞を一度パン状のカタマリにして、その後それを糞玉に形作ってゆく。日本にもこうしたダイコクコガネの仲間は何種か暮らしている。その名もダイコクコガネという種類は、大黒様のように丸々とし、黒光りしたなかなかカッコイイ虫だ。僕も一度だけこの虫を飼育して糞玉作りを観察したことがある。一度だけ、というのはこの虫を捕まえるのがやっかいだったからだ。ダイコクコガネは牛や馬などの大型獣の糞を利用するため、牧場に出かけないと見ることができないのだ。

さてその飼育方法だ。器用なヤスダさんは板と角材を使って、長方形の飼育ケースを作りあげた。工夫のしどころは、壁面の一方を引き戸にしたことだ。ダイコクコガネの地下の生活を見るには、この引き戸を引き上げて土中を横から観察できないといけない（中のトンネルや糞玉を見るには、少しずつ土を削る必要がある）。飼育ケースにほぼいっぱいの土（ふるいにかけて細かくする）を入れダイコクコガネのペアを放ったところ、地表から23・5㎝下のところに横長の部屋を作り、糞玉をこしらえた。

無器用な僕はお手製はあきらめ、市販のタテ長のプラスチック製ゴミ箱を改造した。ひとつの側面を熱したナイフで切り取り、再びガムテープで仮留めしたのだ。そしてこんなインチキ飼育箱でもちゃんとダイコクコガネは営巣してくれた。

飼育に関してはマニュアルに頼るのもいいけれど、いろいろと試してみるのもおもしろいと僕は思う。

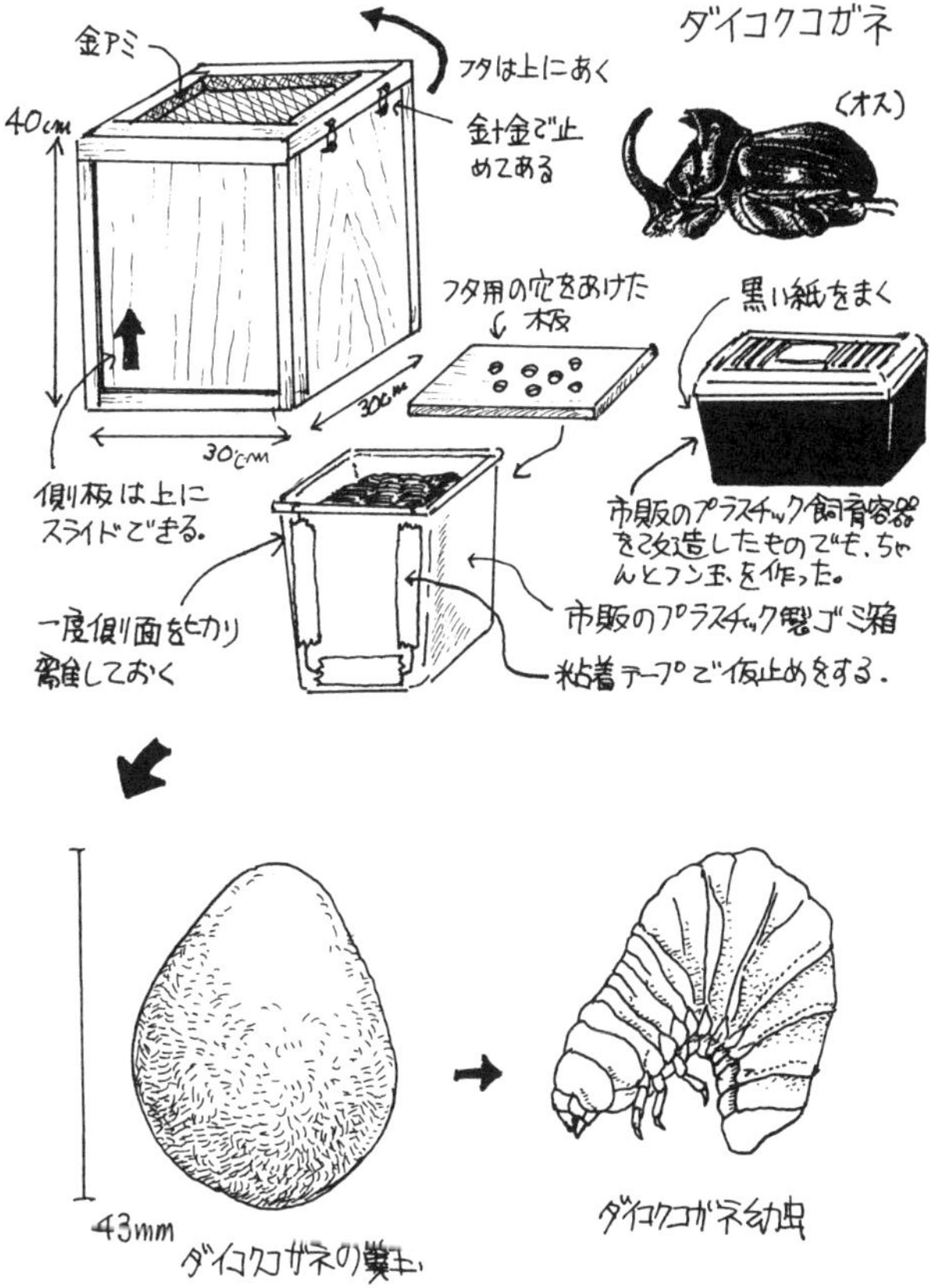
ダイコクコガネ
(オス)
金アミ
フタは上にあく
針金で止めてある
40cm
30cm
30cm
側板は上にスライドできる。
フタ用の穴をあけた板
黒い紙をまく
市販のプラスチック飼育容器を改造したものでも、ちゃんとフン玉を作った。
一度側面を切り離しておく
市販のプラスチック製ゴミ箱
粘着テープで仮止めをする。
43mm
ダイコクコガネの糞玉
ダイコクコガネ幼虫

フンコロガシを見たことある？

【マメダルマコガネ】

「糞玉作った？　うそ？　見に行く」

ヒロシとススムが廊下で会った僕にそう声をかけ、理科準備室にやってきた。

机の上には長さ15㎝、幅10㎝、深さ4㎝ほどのふた付きのプラケースが置いてある。中には砂が敷き詰められ、その中央に牛の糞がひとかけ置いてある。一見するとただそれだけしか見えないのだが、もっとよく見るとその中に小さな黒い点が何粒か動めいているのが見える。体長2㎜余りの小さな甲虫、マメダルマコガネの飼育ケースだ。虫があまりに小さいので、下に敷く砂はできるだけ粒が小さいほうがいい。そして白っぽい砂のほうがなお見やすい。そしてこのマメダルマコガネは、日本産のフンコロガシだ。

フンコロガシの名は生徒みなが知っている。その一方で実物を見たことのある生徒はいない。日本にはファーブルが観察した、スカラベのような大型のフンコロガシが棲んでいないからだ。

「日本にフンコロガシっていないの？」

フクコがそう驚く。ただスカラベの仲間はいないものの、ちゃんと倒立して糞玉を後ろ向きに転がす虫は日本にもいる。それが極小のフンコロガシ、マメダルマコガネだ。

「マメダルマコガネを捕まえよう」

授業で生徒にそう呼びかけ、トラップを作ってもらう。フタに穴を開けたフィルムケースに糞を入れ、それを紙コップに針金でつるし、この紙コップをこれぞというところに埋め、雨よけのふたをかぶせるのだ。

「特盛りにして特盛りに」

「あたしのはちょっとでいい」

中学生にこのトラップを作らせると、エサが牛の糞ということで異常に盛り上がってしまう。さて、トラップを仕掛けて1週間後の6月24日、学校周辺に仕掛けたその成果はどうだったろうか。

合計17匹のマメダルマコガネがトラップに入った。いちばん多かったのは雑木林に仕掛けたフユタカのトラップの7匹だった。こうして捕れたマメダルマコガネを飼育ケースに移す。

「本当にやってるよ」

ヒロシたちがケースをのぞいて喜ぶ。飼育ケースに入れて翌日には4つの糞玉（最大のもので5㎜ほど）が切り出され運ばれた。ただ、この糞玉を彼らがどう利用するのかは実はわかっていない。このあとしばらく観察していても、マメダルマコガネたちはいっかな糞玉を地中に埋めるような様子はない。マルダルマコガネは極小だけでなく、謎のフンコロガシでもある。

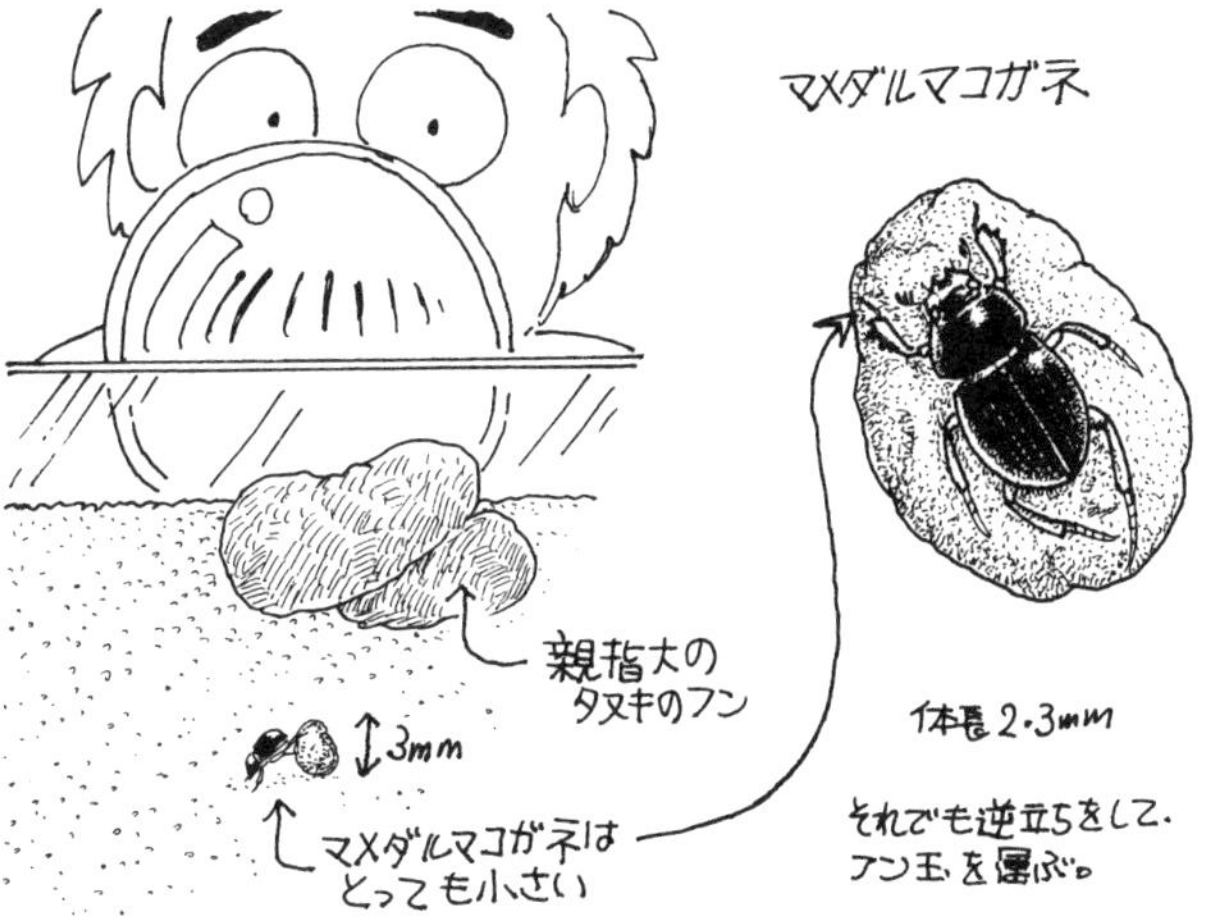
マメダルマコガネ
親指大の
タヌキのフン
3mm
マメダルマコガネは
とっても小さい
体長2・3mm
それでも逆立ちをして、
フン玉を運ぶ。

羊毛の虫

【マグソコガネ】

僕が小さいころ、最初に作った昆虫標本が何であったかもう覚えていない。虫に興味を持つようになってしばらくしたあるとき、僕は市民文化祭に出かけていったことがある。そこには地元の生物愛好家たちがブースを設け、カニの標本やら昆虫の標本を展示していたからだ。その昆虫標本の前をしばらくうろうろしていたら、標本コーナーに座っていたひとりのおじさんが声をかけてくれた。そしてしばらく話し込んだ後、イサガワさんという学校の教員をしているその人は僕にプラスチックケースに入った虫の標本をくれた。僕はもらった虫たちを飽かず眺めた。その中に、オオフタホシマグソコガネという虫がいた。胸は黒。上翅は黄地に黒点。さほど大きな虫ではないが、しゃれた装いのこの虫にあこがれた。

オオフタホシマグソコガネは、動物の糞にやってくる。それも牛の糞が好きだという。僕の学校の周囲の林ではタヌキの糞をよく見たが、そこに集まっているのはセンチコガネばかり。ある日、ヤスダ君と牧場に遠征を試みた。糞をひっくり返すと黄色と黒のこのオオフタホシマグソコガネが現れる……という構図を夢見たのだがちっとも出てこない。代わって出てきたのはオオマグソコガネ。やはり牛の糞を好む糞虫だが、色はごく地味でほとんど黒一色だ。やむなく何匹かこいつを持ち帰る。ひとつのフィルムケースには糞とともに幼虫を放り込んだ。

これが6月16日のことだった。そして7月4日に思い直してフィルムケースのフタを開けたら、中からオオマグソコガネの成虫が出てきて驚いた。こんな適当な条件でもちゃんと羽化したのだ。それに思ったより成長も早い。

マグソコガネの仲間は、幼虫のために特別に糞玉を作ったり巣作りをしない。その代わり種類数が豊富だ。なかには糞ではなくて、海岸の砂の中に棲んでいる種類もある。そしてあるとき思いもかけないところでマグソコガネに出会った。

「ゲッチョ、これ何の虫？ たぶんオーストラリアの虫だと思うんだけど」

クラスのマナオがこう言って持ってきたのがマグソコガネ。彼女はこれを染織の授業のときに見つけたという。僕の学校の染織の授業では、洗浄していないオーストラリア産のヒツジの原毛を取り寄せて使っていたが、その原毛にはヒツジの糞もところどころ付いていた。そのニオイに引かれた虫が、原毛に紛れて遠く離れた日本の学校まで、はるばるやってきたわけだった。僕が染織室に飛んで行ったのは言うまでもない。

マグソコガネいろいろ

オーストラリア産の羊の原毛にまぎれていた、マグソコガネの一種
5mm

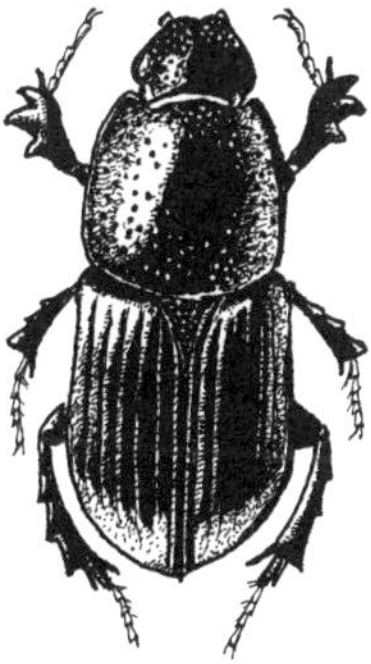

オオマグソコガネ
10mm

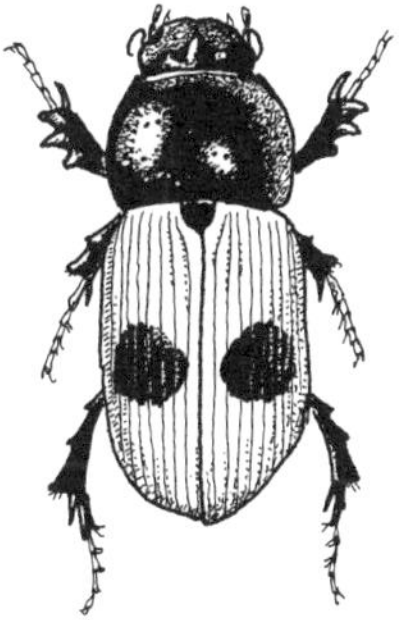

オオフタホシマグソコガネ
12mm

葉っぱの巻きモノ

【オトシブミ①】

「これ、なーに」

そう言ってオトシブミのようらんが僕のところに持ち込まれたのは、10年以上の教員生活のなかでも1、2回ぐらいしかない。オトシブミのようらんのことをそれなりに聞いたことがあるからわざわざ持ってこないのか、まったく気づかないのかそのどっちであるか僕にはよくわからない。そんなオトシブミは見てゆくと飽きることがない虫だ。僕が埼玉の雑木林周辺で、最も熱心に見ていた虫がオトシブミだろう。

オトシブミとはいってもこれまた種類がいろいろある。オトシブミは葉を巻いてようらんと呼ばれるものを作り、この中に産卵をする。孵化した幼虫はこの巻き込まれた葉だけを食べて成長する。どんな植物にどんな形のようらんを作るのかは決まっているから、慣れてくるとようらんだけでその作り主の存在がわかるようになる。

春、木々の若葉が萌えいづるようになるとオトシブミの季節が始まる。土の中で越冬していた成虫がどこからともなく現れ、若葉の上でようらん作りを始めるのだ。

クリの葉を巻くナミオトシブミのようらん作りを見てみよう。

11時08分　葉の主脈を残して葉の両端から切れ込みを入れ終わった雌を見つける。

11時18分　切れ込みのところから葉は下に折れ曲がる。雌は裏側に回り、主脈のところから脚で葉を締めつけふたつに折る。

11時22分　雄が飛来し交尾を始める。

12時07分　雌は交尾したまま、葉の主脈のところどころをかじって切れ込みを入れる。

12時25分　新雄飛来。前の雄に割って入り、雌と交尾を始める。
13時00分　雄と交尾をしながら葉の先端を巻いてゆく。少し巻きあげたところで産卵。主脈側から少しずつ葉を巻き上げ、しばらくすると葉の縁の部分を巻き上がった葉にまるめ込む。この繰り返し。
13時12分　葉を丸め終わる。
13時14分　主脈をかんで、ようらんを葉から切り落とす。
ざっとこんな具合だ。こうしたようらん作りは、水を入れたフィルムケースなどに食草の枝を差し、飼育ケースに雄と雌を一緒に入れておくとわりあい簡単に見ることができる。種ごとにようらん作りに違いもあるし、同じ種類のオトシブミのようらんでも、右巻きと左巻きのものがあったりして、オトシブミの飼育は興味深い。

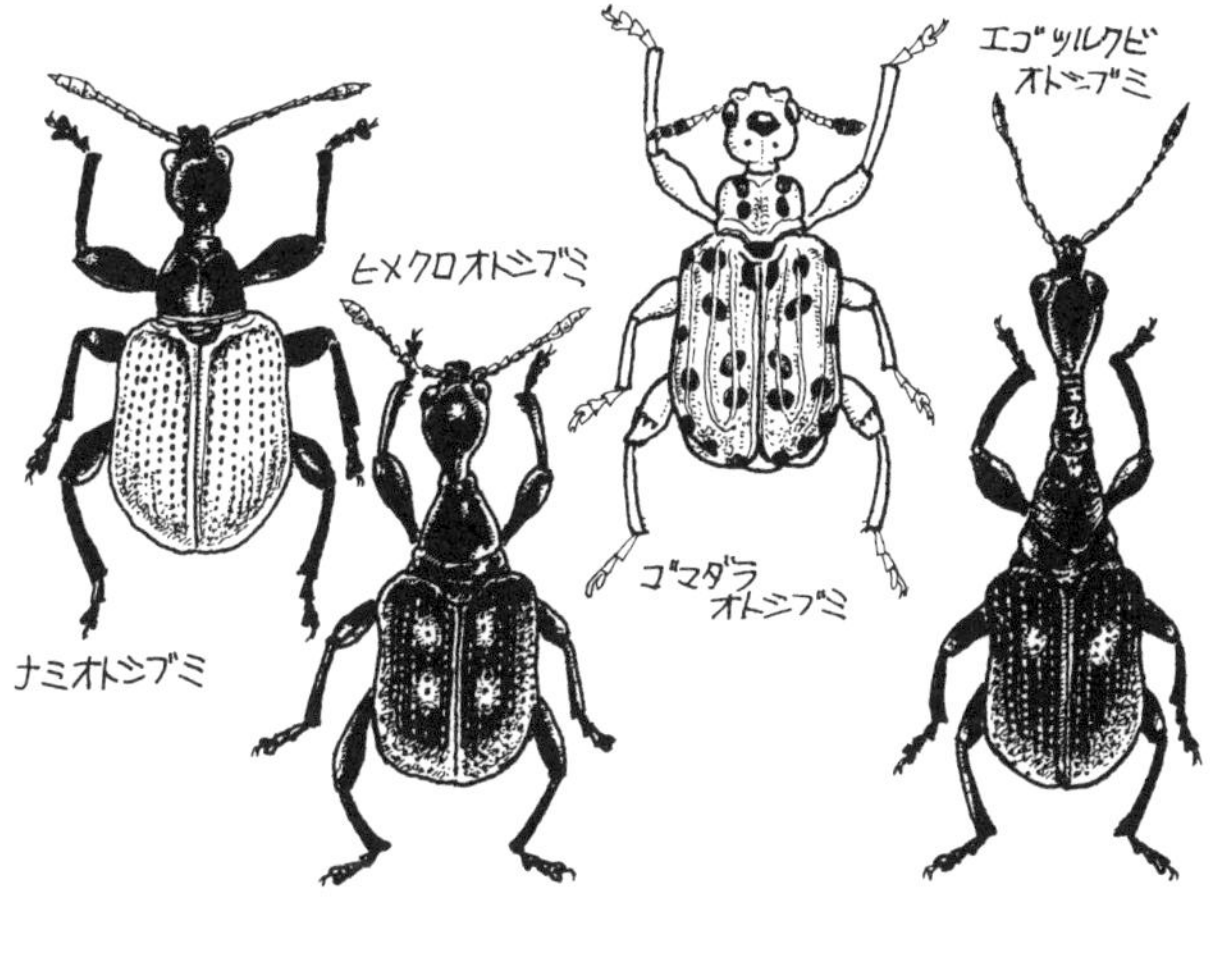
ナミオトシブミ
ヒメクロオトシブミ
ゴマダラ
オトシブミ
エゴツルクビ
オトシブミ

ようらんの飼育方法

【オトシブミ②】

オトシブミの観察を始めたころ、雑木林を歩いていて見知らぬようらんを拾って困ったことがあった。とりあえずフィルムケースの中にそのまま放り込んでおく。これが5月20日のことだったのだが、6月8日にフィルムケースをのぞいたら、ウスモンオトシブミの成虫が羽化していてちょっと驚いた。意外にも早く成長することと、こんな簡単なことで羽化が見られたからだ。

拾ってきたようらんは机の上に放っておくと、乾燥してしまう。こうなるとようらんの中の卵や幼虫は死んでしまう。

「こんな小さいとこ入れて窒息しないの？」

フィルムケースに虫を入れると、生徒はよくそう聞くが、小さな虫ならこれで充分なスペースなのだ。何よりようらん中の幼虫にとっては湿度が保たれるのがいいらしい。

こうしてフィルムケースでようらんから成虫を羽化させることはしばしばやった。

しばらくたった後、エノキの葉で見慣れぬようらんを見つけた。変わっているると思ったのはまずその幼虫。オトシブミの幼虫はそれまで何種か見たが、いずれも白っぽいものだった。それが黄色っぽい幼虫だったのだ。最初は本当にオトシブミの幼虫か疑ってしまった。もうひとつ変わっていることがあった。エノキから全部で19個のようらんを取ってきて中を見てみたら、そのうち7個のようらんに卵が入っていた。このうち卵が1個入っていたのが4つ。2個入っていたのがふたつあった。また幼虫の入っていたようらんは5個あったが（残りは空のようらん）、そのうち2匹の幼虫が入っていたのがふたつあり、そのうちひとつでは1匹が幼虫、1匹がさなぎになっていた。それまでよく見てきたエゴツルクビオトシブミでは、ひとつのようらんから出てくるのは必ず1匹の成虫だったからこれはかなり不思議に思えた。戦前にオトシブミを研究した、河野広道博士の本によれば、ナミオトシブミではようらん内に2個の卵がある場合、共食いが起こると書いてある。結局エノキのようらんから羽化した虫はヒメゴマダラオトシブミだった。そしてこの虫は共食いをしない平和主義者のようだ。

ただすべてのようらんがフィルムケース方式でうまくいくわけでもない。緑に輝くドロハマキチョッキリは、葉巻状のようらんを作るが、僕は何度かこの美しい虫を容器内で羽化させようとしてことごとく失敗してしまった。なぜなら、充分成長した幼虫は土中に入って蛹化するからだった。

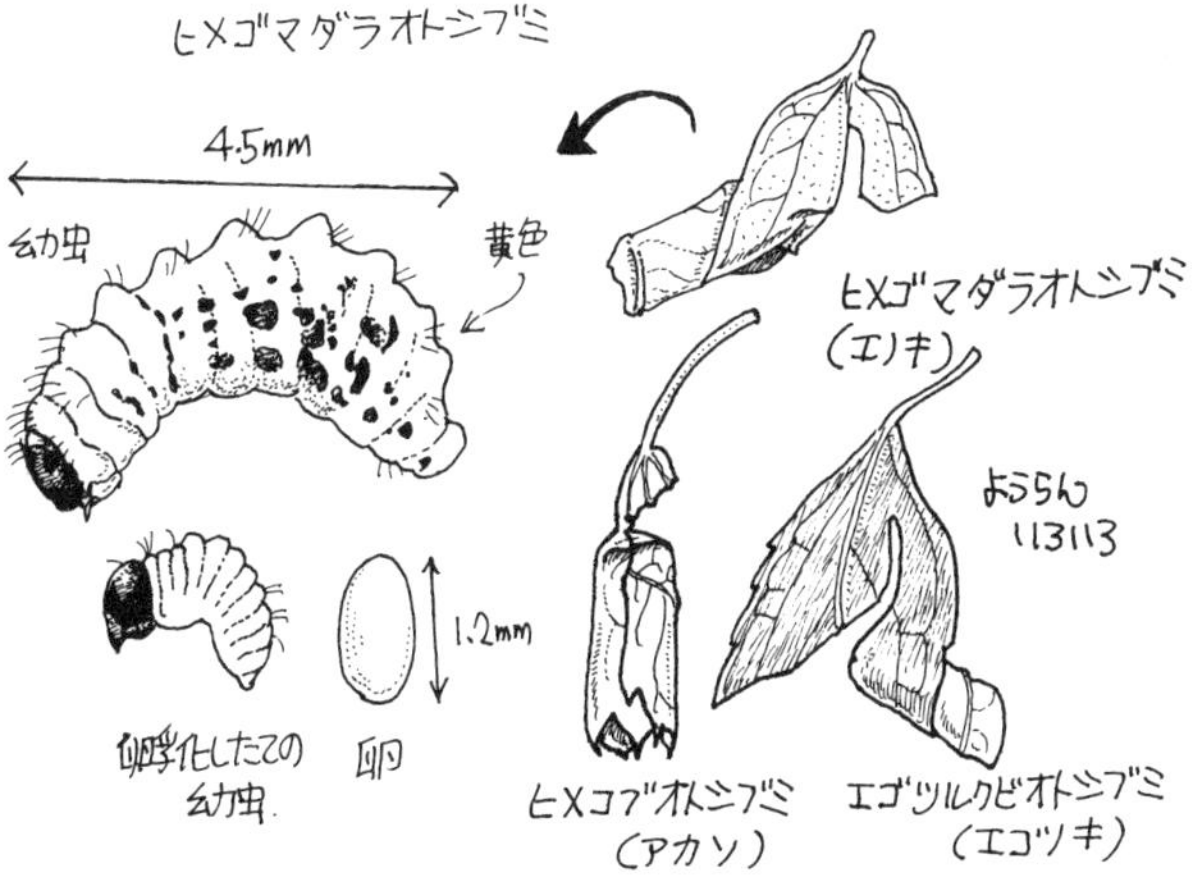
ヒメゴマダラオトシブミ
4.5mm
幼虫
黄色
1.2mm
卵化したての
幼虫
卵
ヒメゴマダラオトシブミ
(エノキ)
ようらん
いろいろ
ヒメコブオトシブミ
(アカソ)
エゴツルクビオトシブミ
(エゴツキ)

図鑑に出てない虫の正体

【シデムシ】


アヤヤンとマサトモがやってきた。

「この虫、何の虫？」

1匹の虫をたずさえている。黒くてやや平べったいキャタピラ状の虫。

「図鑑見ても出てなかったよ」

「そりゃそうだよ。幼虫だもの。これはシデムシの幼虫」

「シデ？」

「死出という意味だろうね。死体とかに集まってくるから」

「変な名前。カワイソウ」

何を食べるのか、と言うからひき肉をあげたらいいんじゃない、と言っておく。アヤヤンのほうは「羽化させてみようかな」と言うが、マサトモは「どんな親？　親の顔みて決めようかな」とやや慎重。

僕はこのマサトモたちが持ってきたヒラタシデムシは成虫も幼虫も好きではなかった。美しくない。食べモノも汚い。甲虫にしては体が柔らかい。これも一種の偏見だけど。

ところがあるとき、まさにこのシデムシの研究をしているというシマノさんと知り合った。変な人もいるもんだと思いつつも、このときたまたま台湾へ行く機会があったので台湾のシデムシを捕まえて送ってあげた。と、「狂わんばかりの有難さ」と文面にある、まさに鬼気迫る返事が送られてきた。「こりゃおもしろい」僕は埼玉でも腐肉を仕掛けたトラップをあちこちにかけてシデムシを集め、彼に送ることにした。するとふだんそれほど気づかなかったのに、こんなにもいるのかとあきれるぐらいのシデムシたちがトラップに入って僕をびっくりさせた。そうこうしているうちに僕自身がすっかりシデムシにはまった。初めて見る種類が見つかると大喜びしたりし始めたのだ。

生徒たちが見つけたように、ヒラタシデムシの幼虫はキャタピラ状で、やはり親と同じように死体に集まってくる。ところが同じシデムシのなかまでも、モンシデムシ類の幼虫を見かけることはない。というのもモンシデムシでは、親が死体を地中に埋め、そこで死体の毛や羽を抜いて肉ダンゴ状態にし、幼虫を養うからである。

ついにここにきてモンシデムシの仲間を飼ってみようと思いたった。古ナベに土を敷き詰め、冷凍庫のストックのなかから古いスズメの死体を取り出して、シデムシのペアとともに、理科準備室の外にセットした。ただ僕の与えたスズメはあまり気に入ってもらえず、シデムシにはそっぽを向かれ、肉ダンゴ作りは未見に終わってしまった。

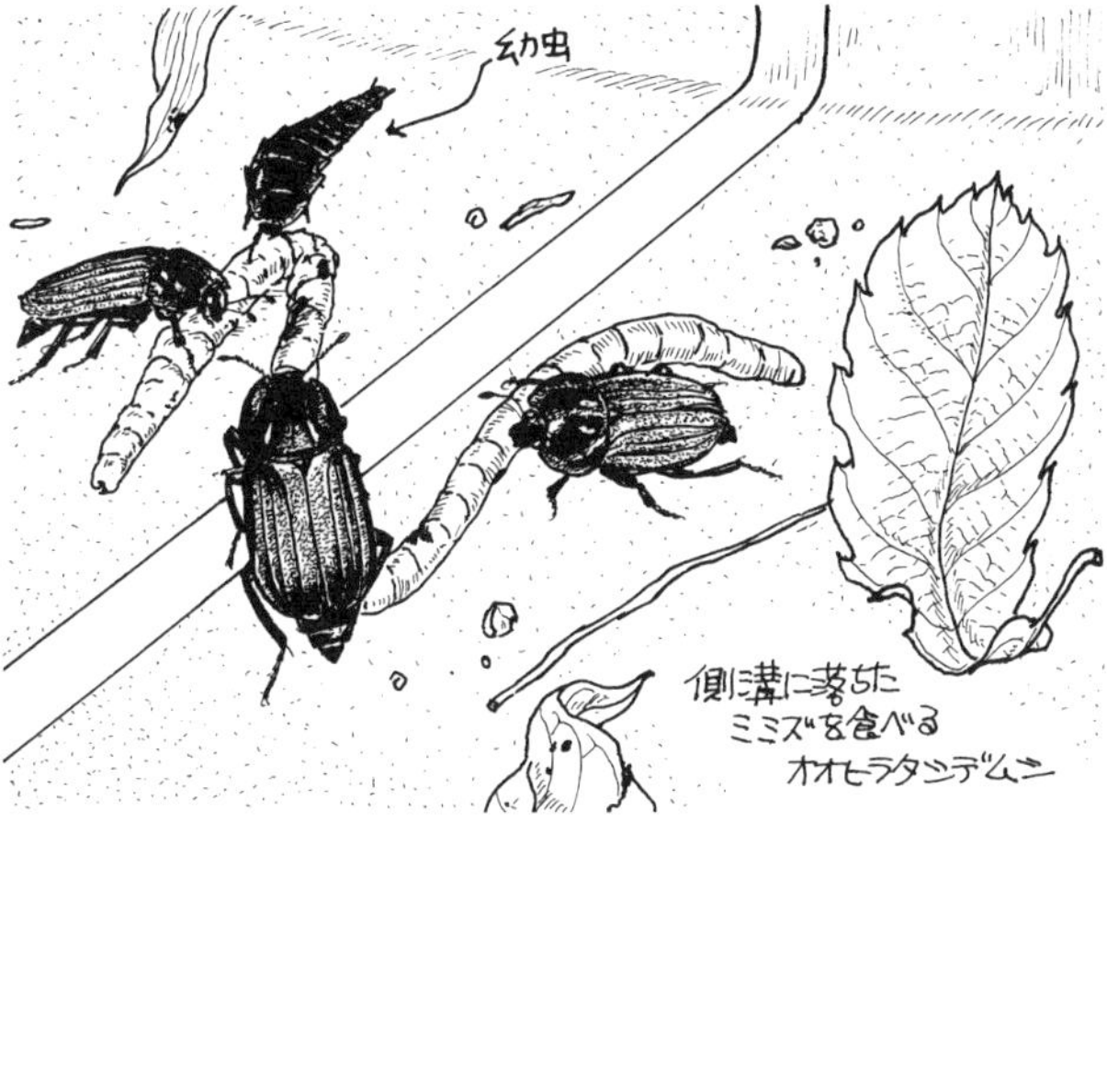
幼虫
側溝に落ちた
ミミズを食べる
オオヒラタシデムシ

イモムシのしっぽ

【スズメガ】


父母会で、クラスのジュリの母親と虫の話になった。

「夏にベランダのクチナシにイモムシがいて、絶対アゲハの幼虫だと思ったの。かわいかった。背中スベスベで斑点もかわいい。ただしっぽに何か尾が出てたのが気になったの。クチナシを丸ボウズにして、木に止まってサナギになるんだろうと思ってたら鉢から落ちてたの。下にいたから木にのっけたらまた落ちちゃった。しばらくして捜したらベランダの排水口のとこでさなぎになってた。それで図鑑を調べたら、アゲハじゃなくってガだったのでショック」

ジュリママの見たのは、オオスカシバの幼虫だったのだ。

「大きなイモムシはアゲハの幼虫」という先入観がどうやら一部にあるらしい。カンタが「これアゲハの幼虫？」と言って持ってきたのもやはりしっぽにぴょんと尾が立っているガの幼虫だった。ガの幼虫の正体はなかなかわからない。専門家でも、まだ日本のガの幼虫の正体すべてがわかるわけではない。それでも大きなイモムシで、尾がぴょんと立っているものを見たら、これはスズメガの幼虫だということがわかる。「いろんな色のがいるの？」と中1のアカリが黒地に目玉紋様のついているイモムシを連れてきたが、これはヤブガラシやサトイモを食べるセスジスズメの幼虫。キョウチクトウやニチニチソウを食べるキョウチクトウスズメの幼虫なら、黄緑の地にブルーの目玉紋様のあるしゃれたいでたちだ。

アゲハの幼虫は枝に糸を輪にして掛け、そこに体を寄りかからせて蛹化する。一方スズメガの幼虫は地下に潜ってさなぎとなる。ジュリママの場合のように、どうしても地下に潜れない場合は、やむなく枯れ葉の下などでもさなぎとなる。セスジスズメの幼虫を飼っていたときは、プラスチック容器に新聞紙をちぎって入れておいたらその中でさなぎになってくれた。このさなぎ、取り出すとおなかがピクピクとよく動く。さなぎというと不動のイメージがあるけれど、そんなことはない。

「でもあのピンと立ったしっぽは何なの?」

ユフキにあるときそう聞かれた。わからない。あのしっぽはスズメガ幼虫のトレードマークだけど、さて何だろう? 僕の虫の師匠スギモトさんに相談すると、「さて?」と彼も言うが、幼虫が小さいうちは体の割にもっとしっぽが長いよと言われた。そうすると、あのしっぽは敵の目くらましのためにあるかもしれない。そしてそれは体の小さいときの方がより重要な意味を持つということだ。

スズメガの幼虫いろいろ

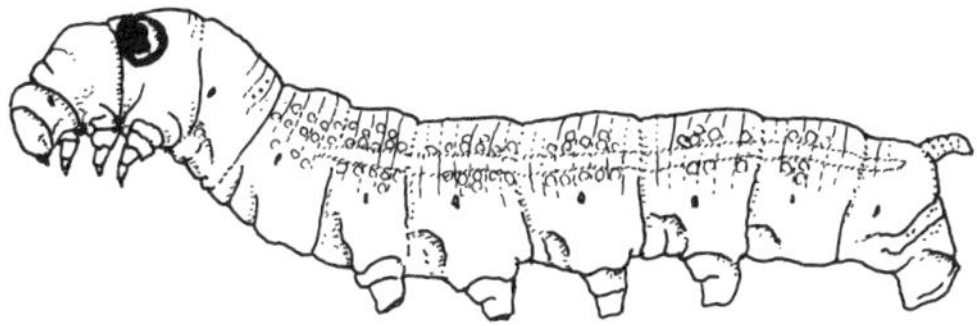

キョウチクトウスズメ

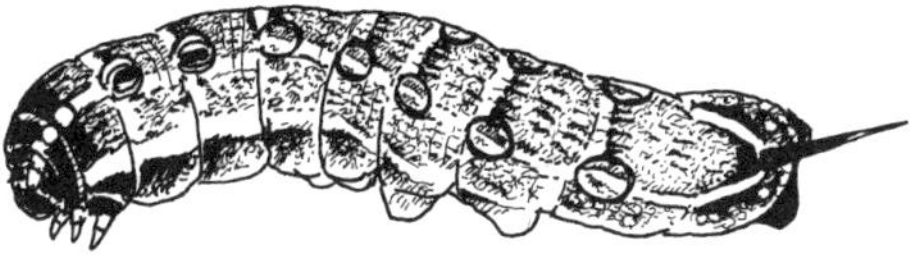

セスジスズメ

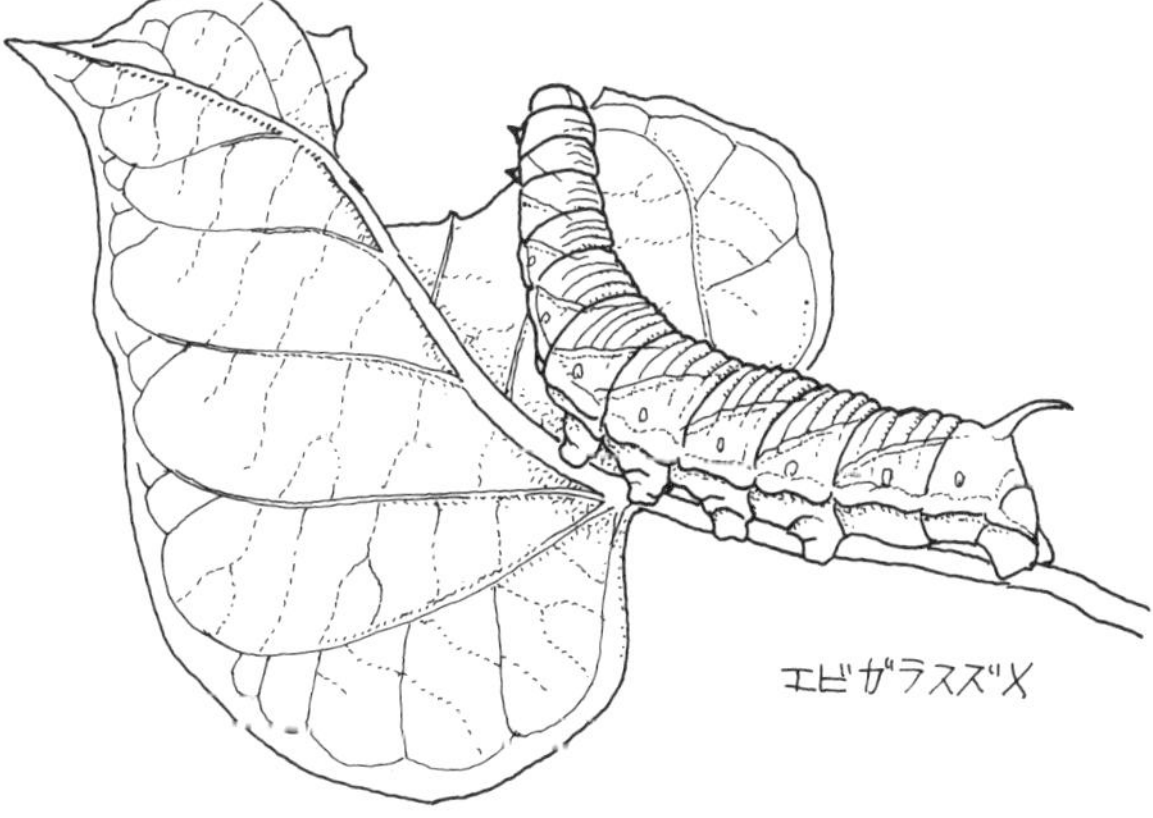

エビガラスズメ

ミノムシって何かになるの？【ミノガ】

「ミノムシっていずれ何かになるの？」

アズサがそう聞く。

「ミノムシってガになるんでしょ」

別の生徒はそう言う。

「じゃあ、ミノの中には何が入ってる？」

試しにそう聞き返した。

「さなぎでしょ」

そう答える生徒に、ミノをむかせてみる。するとすると中からは幼虫が出てきて、
生徒は「アレ？」という顔をした。

「ミノムシって一生ミノ付けたままなの？」

「ミノ付けて移動するの？」

こんな質問を受けたこともある。ミノムシの一生は生徒にとって謎が多い。

6月28日、近くの林でチャミノガのミノを13個取ってきてミノをむく。中に入っていたのは幼虫が8匹、サナギが4匹、死亡した幼虫が1匹。このうち幼虫をよく見ると、ミノの下側に頭を向けていたのが2匹で上側に頭を向けていたのが6匹だった。

ミノムシは幼虫時代からミノを背負っている。そして胸の脚だけを使いながらときどき移動しつつ木の葉を食べる。チャミノガならお茶の木に多いけれど、それ以外の葉も食べる。そしてやがて蛹化の時期が近づくと、ミノの入口をしっかりと枝にくっつける。初夏、枝にしっかりと付いたミノを見つけたら、それこそ中にさなぎの入っているミノだ。幼虫はミノの中で反転し、頭をミノの尻のほうに向けて蛹化する。先にミノをむいたとき、幼虫の向きに2通りあったのはそのためだ。

さなぎには大小2通りがある。大きいほうが雌、小さいほうが雄だ。そして雄はミノのお尻の穴からさなぎをせり出させ、半分さなぎが外に出たところで羽化する（蛹化するとき、幼虫が反転するのはそのため）。出てくるのは地味な色のガである。一方、雌のほうは羽化しても、ミノの中にとどまるばかりか、さなぎの殻もかぶったままだ。この殻をむいてみると、イモムシ状というか脚もなんにもないブニョブニョとした袋状のものが中に入っている。雄は雌のフェロモンを感知し、この雌のミノまで飛んできて交尾し、雌はミノの中で卵を産んで一生を終える。

こうは書いてみたものの、この一生を目で追うために、僕は何度もミノムシを飼った。最初のうちはミノムシが幼虫越冬をすることも知らず、いったいいつ成虫に羽化するのかもわからなかった。だから何回もミノをむいた。やっと初めて雄の羽化を見たときはなかなか感動したものだ。

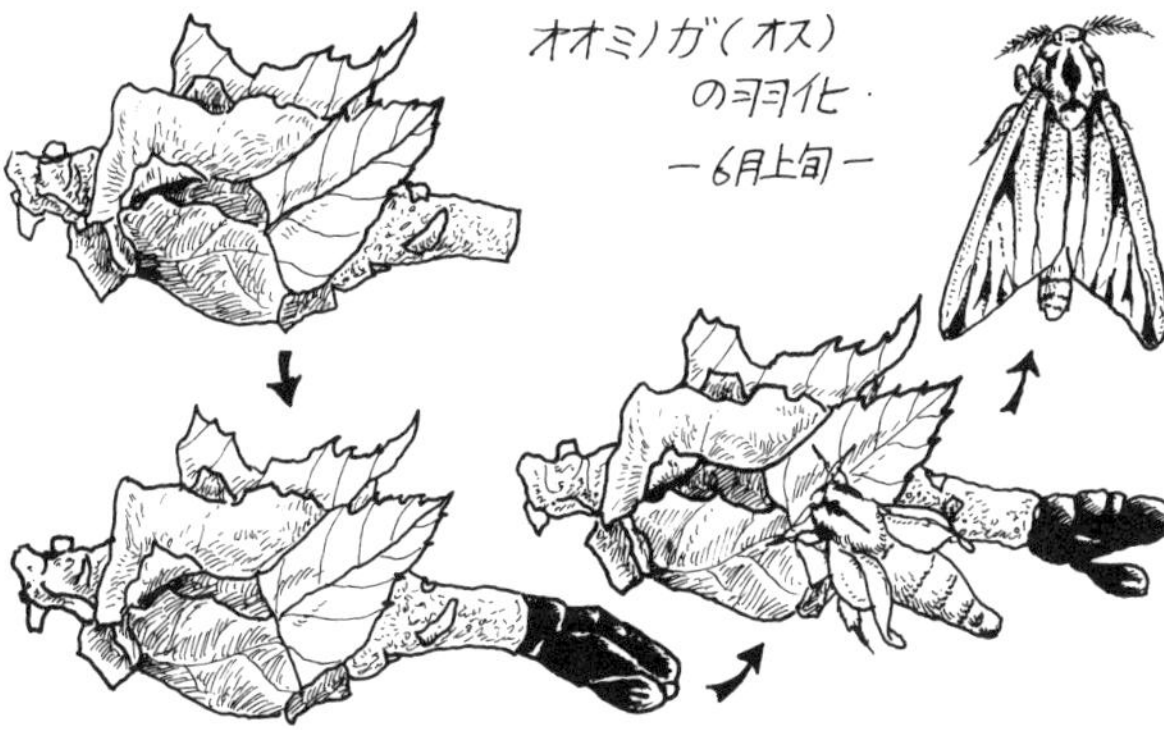
オオミノガ(オス)
の羽化
−6月上旬−

これはタネ？【ナナフシ①】

ナオがナナフシの幼虫を捕まえてきた。

木の枝によく似たナナフシにも種類がある。埼玉でよく見たのはナナフシモドキという種類だ。春、卵から孵化した弱々しい幼虫は、コナラなどさまざまな木の上で見つかる。そして初夏には成虫となる。ナオの捕まえてきたナナフシモドキも、2回脱皮して成虫となり、7月9日に初めて産卵をした。

僕はナナフシを飼うのが好きだ。ナナフシはあまり動きまわらず、黙々と葉を食べているだけの虫である。見ていてさほどおもしろい虫とは言えないかもしれない。ただとても飼いやすいのだ。食草さえ気に入れば、僕のような無精者でもわりとすんなり飼える。そしてナナフシ飼育の楽しみは、産卵にある。ナオのナナフシモドキも、7月9日に2個、7月10日には7個、7月11日には9個、12日に14個、13日に18個、少し飛んで16日には27個と着実に産卵総数を伸ばしていった。

「これ、タネ？」

キッキがそう聞く。

「これ、糞じゃないの？」

ノブはどうせ僕が持ってきたものだから、ロクなもんじゃないだろうと、くんくんとニオイをかぎつつそう疑う。

授業でナナフシの卵を見せたときの反応だ。ナナフシの卵は硬く、ほとんど種子のように見える。そしておもしろいことに、成虫は一様に棒のような形をしているのに、卵は種類によってじつにいろいろな造形を見せるのだ。ナナフシモドキなら細長くやや偏平な種子。ニホントビナナフシなら、網目紋様のふた付きのビンといったところ。そんな種ごとの卵の造形を見たくて僕はナナフシを飼う。

ナオの捕まえてきたナナフシモドキはまだ幼虫であったのに、ただの1匹だけで飼育していても成虫になり産卵をした。ナナフシモドキは単為生殖といって雌だけで卵を産み増えてゆく。つまり見かけるナナフシモドキはみんな雌だ、ということになる。しかし、雄はまったくいないかといえば、わずかに数回だけ見つかっている。もともと両性生殖をしていたのが、雄を省略するように進化してきた種なのだ。ニホントビナナフシでは、地域によって、雄と雌がいるところと、雌だけで増えているところがあるのが知られている。ナナフシは卵だけでなく生殖のしかたも多様だ。

雌雄がいてあたりまえという生物界の常識をナナフシたちは覆す。ナナフシ飼育は、そんな性の不思議も垣間見れるところがおもしろい。

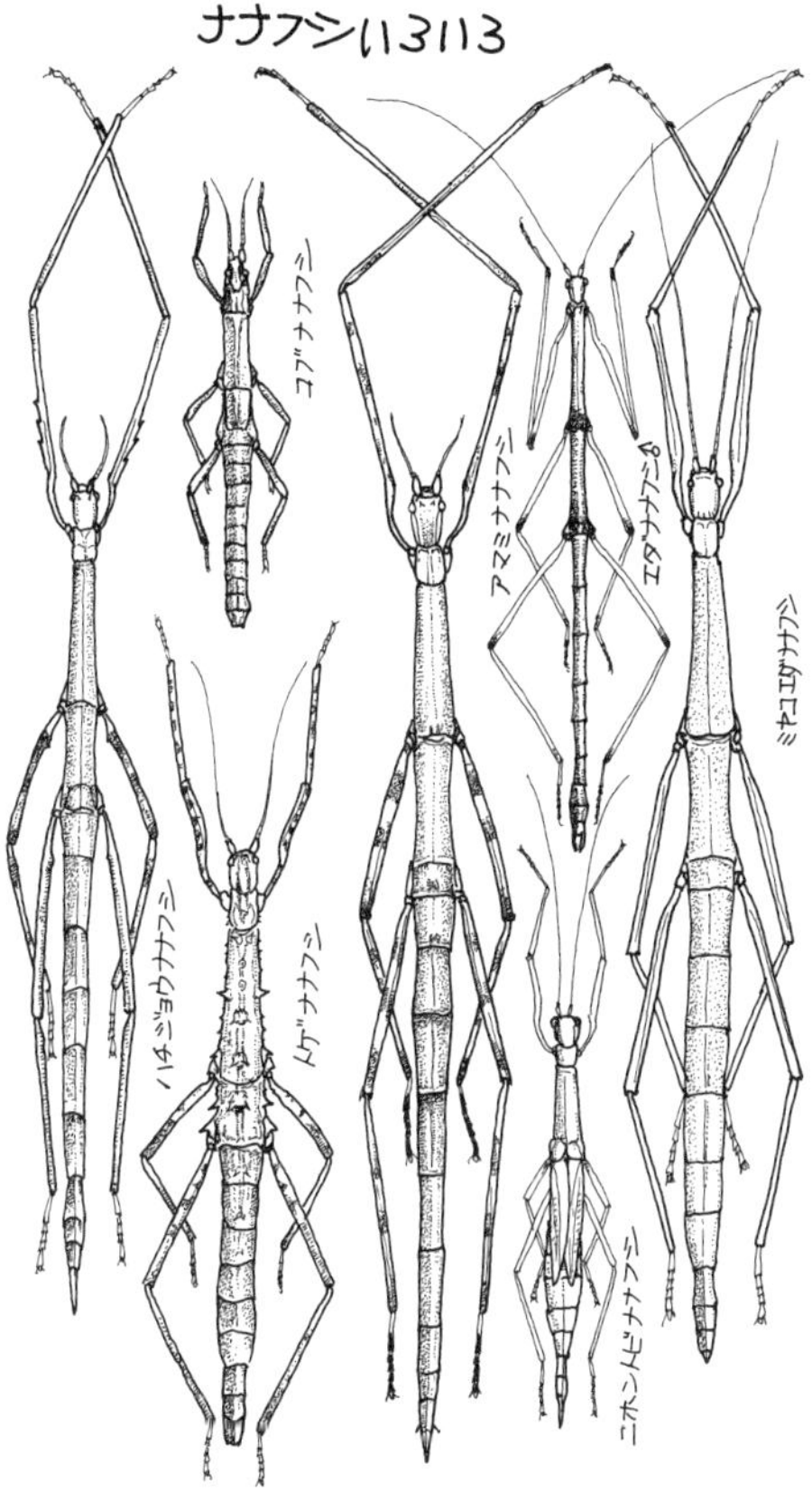
ナナフシいろいろ
コブナナフシ
アマミナナフシ
エダナナフシ♂
ミヤコエダナナフシ
ハチジョウナナフシ
トゲナナフシ
ニホントビナナフシ

明かりにやってきたナナフシ【ナナフシ②】

「ナナフシって明かりに来るけどなんで？　自動販売機のとことかに寄ってきてるぜ」

卒業したヒラマツと話をしていたらそんな話になった。

そういえば、このヒラマツの話を聞いて思い出したことがある。

僕はアウトドアクラブの顧問をしていた。このクラブ、最初はカヌー作りや燻製作りなど、まっとうなアウトドア活動にも手を出したが、そのうち主な活動は夏の合宿だけになり、それも虫探しや冬虫夏草探しなんてことばかりやっていた。そして僕らがよくキャンプに行ったのが八丈島だった。

八丈島にはハチジョウノコギリクワガタなど島固有の昆虫が棲んでいる。

一方でセミはツクツクボウシしかいなかったりする。島の生物相は独特なのだ。また島には移入された生物がはびこることがまま見られる。八丈島では屋外にサツマゴキブリがよく歩いているが、これも移入種のひとつだ。

そんな八丈島にはナナフシが3種いる。ハチジョウナナフシ、ニホントビナナフシ、それとトゲナナフシだ。このうちトゲナナフシは観葉植物とともに移入された種類だ。

ある年、3泊4日で八丈にキャンプに行った。連日山歩きをしていたのだが、このとき全日程でトゲナナフシを7匹見つけた。このときは昆虫少年のイシイ君が参加していて、彼がいちばんよくこのナナフシを見つけたのだが、最初にこのナナフシが港の公園の街灯の下にいるのに気がついたのも彼だった。そこは芝生が植えられ、木なんて生えてない。そんな地上にトゲナナフシがいたのだ。それも島内で見つけた7匹のうち、5匹がここで見つかったのである。観察してみるとどうやらトゲナナフシは夜行性のようだ。となれば夜行性のガが明かりに集まるのと同じように、トゲナナフシも明かりにひかれるということか。ただし普通に見るナナフシは昼夜無関係に行動する。昼夜無関係に行動する虫も、夜には明かりにひかれるのだろうかというあらたな疑問がわいてくる。

このとき見つけたトゲナナフシの何匹かは連れ帰って飼うことにした。僕の飼っていたものはすぐ死んでしまったのだが、イシイ君の飼っていたものは8月30日に持って帰って以来、翌年の1月11日まで生きていた。そしてその間、2頭のトゲナナフシが生んだ卵は合計で238個だったよとも教えてくれる。トゲナナフシも単為生殖をする種だ。雄は飼育下での1例が知られるだけという。移入という場合を考えると、単為生殖は有利だろう。たった一匹が持ち込まれてもずんずん増えることができるわけだから。

ナナフシの卵 いろいろ
（縮尺は不定）

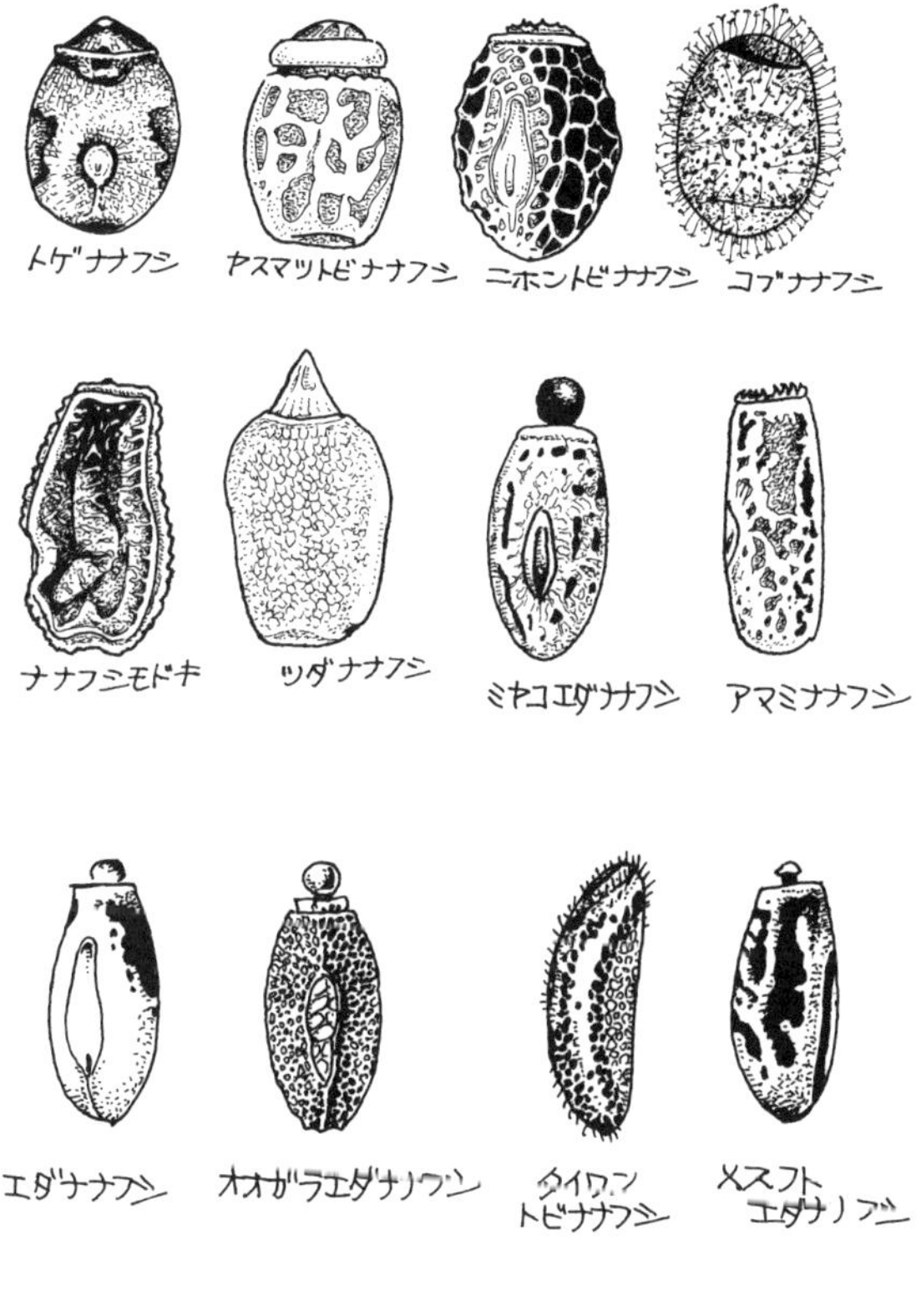

ミミズの大合唱?【ケラ】

6月のある日、高校3年のマツダが僕に、「最近雨が降るとミミズが大合唱している」と言った。

実は「ミミズ鳴く」は季語(秋)にもなっている。ただしミミズは鳴かない。

一般に「ミミズの声」と言われているのは、ケラの声だ。地中からビーッという連続音で聞こえてくるのがこれだ。ただケラは地中で暮らしているのでその鳴いている姿はお目にかかったことがない。2度ほど、土を入れた飼育ケースでケラの飼育を思いたつ。「根っこを食べると聞いたことあったっけ」と思い出し、根つきの草を一緒に入れる。しかしケラはちっとも鳴かず短命に終わってしまった。

　友だちのヨギ君はなんでも来いの飼育屋だ。小さいときから虫を飼い始め、今はグッピーの交配に凝っているが、その途上でありとあらゆるものを飼ったらしい。ダチョウは家人に反対されてあきらめたと言っていたが。

　そのヨギ君にケラの飼育について、おうかがいを立てる。

「あいつら食う量すごいよ。共食いもするし。飼うんならエサはミミズがいいみたい。植物も食うけどミミズとか好き。ミミズくわえて手でしごいて中のドロドロ出して食べてたよ」

　びっくりする。ほとんどモグラではないか（僕はモグラなら飼ったことがある）。それにしてもケラは思ったより雑食性が強いらしい。

「うん。最初は僕も植物食べるのかな、なんて思ってたけど。小さいころ、スープカンに土入れてそこに捕ってきたコガネムシの幼虫とかケラ入れて、2日後に土開けてみたら、コガネムシの幼虫の頭だけ残っててケラ丸々してた」

そんなことも言う。ただ、捕食の現場は土の中なのでヨギ君もそうそう見ていないという。

「アリ観察用の平たいプラスチック容器あるでしょ。あれに入れてみたらいいかなと思ったんだけど、ケラって穴の側面けっこう汚すんだよね。濁って見えないいんだよ」

ヨギ君をもってしてもケラの飼育観察には難しい点があるということがよくわかった。

実際、昆虫の本をあれこれ見てもケラのことはあまり詳しく載っていない。鳴き声にしてから、「雄・雌とも鳴くといわれている」とあるのだ。もちろんよく聞く声は雄の出している声なのだけど、そのほかにも雌も鳴くらしいと言われていて、そこがまだきちんと確かめられていないのだ。ケラは案外、謎虫である。

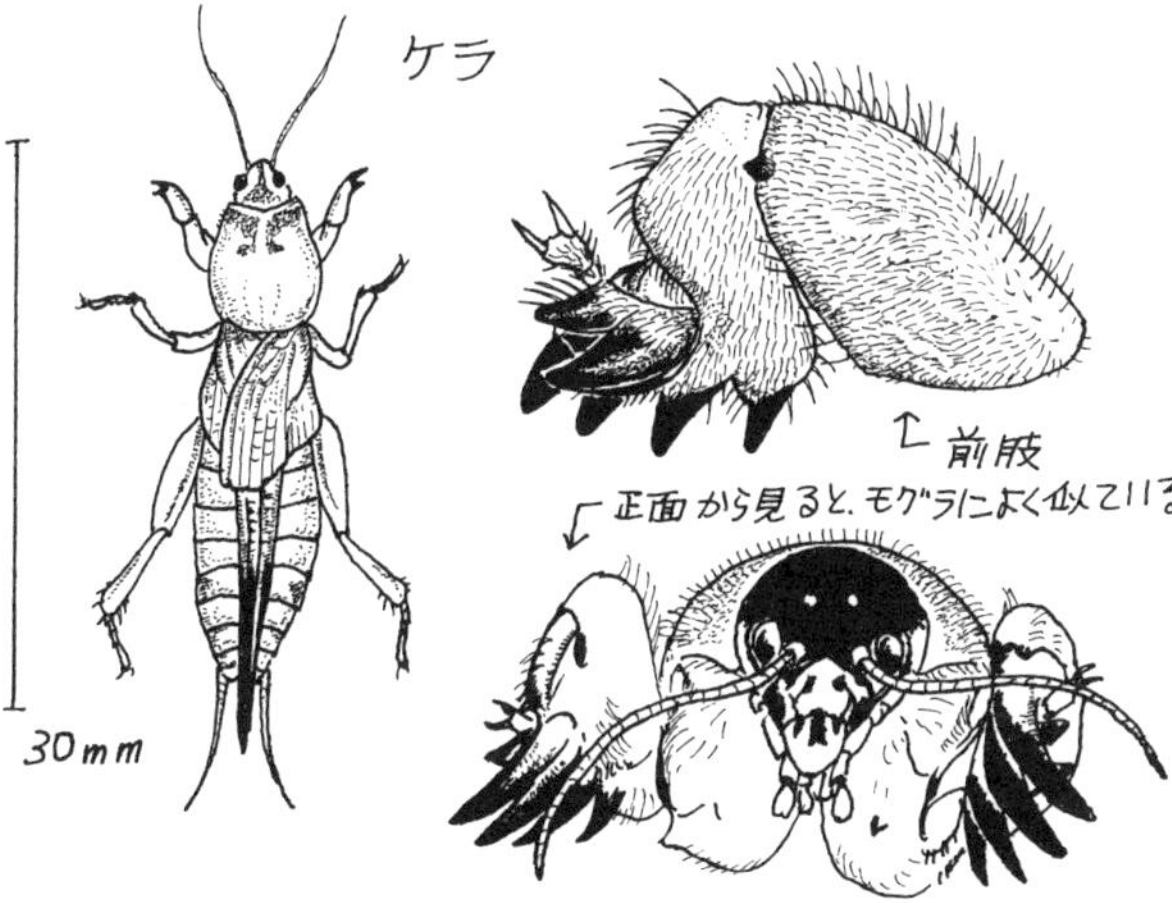
ケラ
30mm
前肢
正面から見ると、モグラによく似ている

地虫ってどんな虫？

【クビキリギス】

ケラ以外でも「地虫の声」としてなんとなく正体不明のままにされている声の主がいる。

春、まだコオロギやキリギリスなどのいわゆる鳴く虫たちの時期になっていないころ、夜、草ムラからジーッとケラよりも大きな声の連続音が聞こえてくる。

その正体を暴こうと、何度か草ムラに近寄ってみたことがある。と、ピタッと声が止まってしまう。そこから離れてしばらくするとまたジーッと声がする。僕にとってもこの「地虫」の音源はなかなかつきとめづらいものだった。

5月初旬、家の明かりに引かれキリギリスの仲間の成虫がやってきていた。飼育ケースに放り込んで様子をうかがう。やがてジーッと例の音をたて始めた。こうして僕はこの声の正体を目のあたりにすることができた。が、この声、家の中で鳴かせるととんでもなく大きい。せっかくだったがあまりのやかましさに、たったひと晩で外へお帰り願った。これだけ飼育期間の短かった虫も珍しい。

春、こうした鳴き声をたてる虫には実は何種かいる。埼玉の僕の家のあたりでいえば、シブイロカヤキリモドキとクビキリギスだ。両者は同じころに、似たような声を出すが、シブイロカヤキリモドキのほうがやや低音という(ただし僕は音痴なせいかうまく聞き分けられない)。この2種類は姿も似ている。ただ、クビキリギスは頭の先端がずっととがっているし、何より口のあたりが赤いという特徴がある。そして僕のうちに来たのはシブイロカヤキリモドキのほうだった。

この虫たちの一生を、クビキリギスを例にして追ってみよう。春から初夏にかけて、つまり彼らの声を聞くころに交尾、産卵が行なわれる。続いて夏に孵化した幼虫は発育を続け、秋には成虫となる。成虫とはなっていても、雌成虫で調べたらこの頃は卵巣がまだ未発達の状態だった。やがて冬の到来とともに成虫のまま越冬し、春を待つ。

クビキリギスはなかなか物騒な名前を持っている。それはかむ力が強く、服などにかみつかせて胴体を引っぱると、頭だけはかみついたままで、胴体がちぎれてしまうことからきているという。チスイバッタなる異名もあるけれど、これは赤い口紅から連想された名だ。江戸時代の本草書『薩摩州蟲品』の中にも「アカクチウロマサイ」というクビキリギスらしき虫が登場する（オガサワラクビキリギスかもしれない）。いずれもこの虫は声の発信源としてより、その姿、形が人の目にとまっていたということだ。

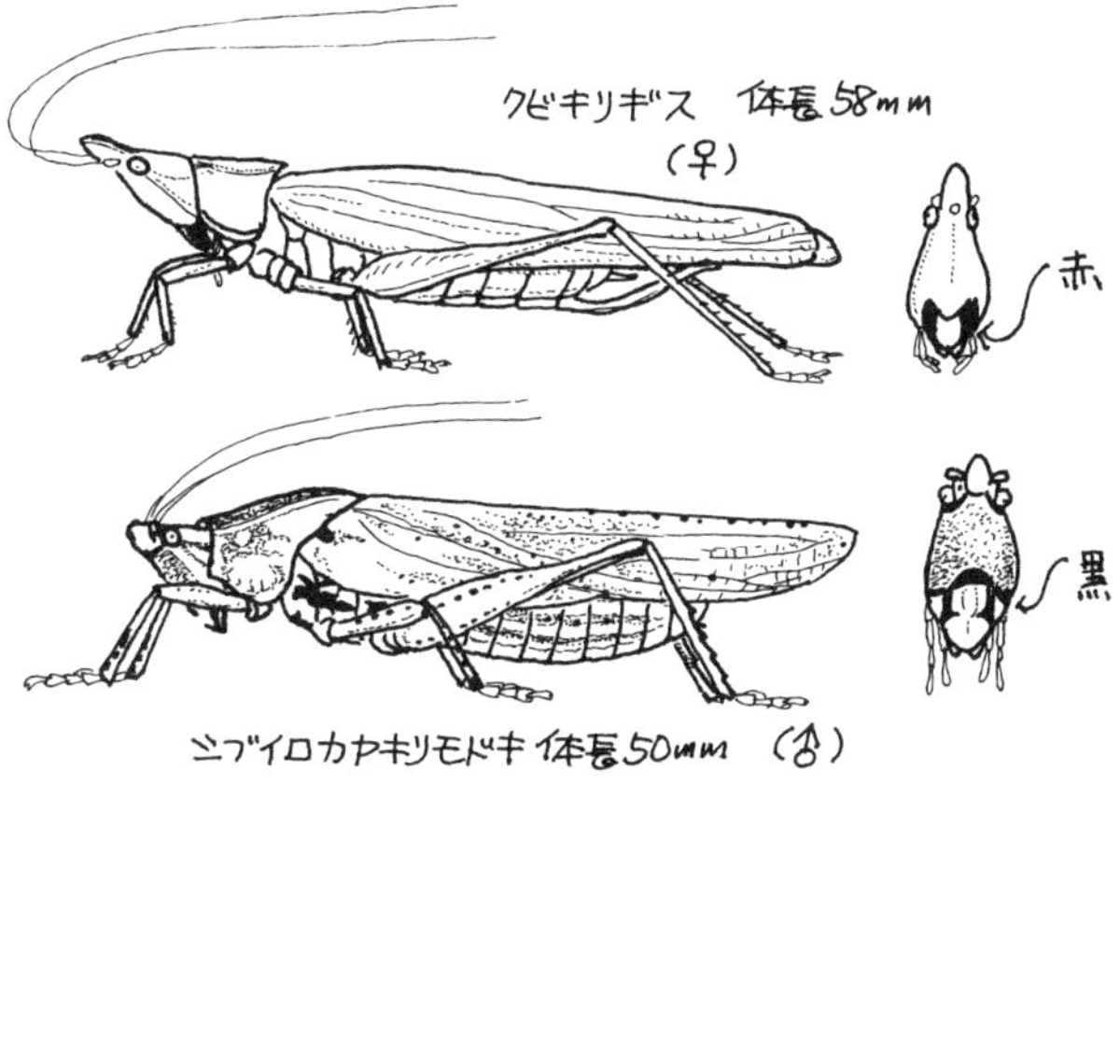
クビキリギス　体長58mm
(♀)
赤
黒
シブイロカヤキリモドキ 体長50mm　(♂)

オンブは親子？

【オンブバッタ】

日本語の教員のヒグチさんが、「ところでオンブバッタって親子なの？」と言う。「エッ？　あれは雄と雌だよ」と言うと、「エーッ、なんだかショック」なんて言う。そうか、普通の人はオンブバッタを親子と思ったりしているのかと気がついた。「親ガメの背中に……」なんてフレーズがきいているのかしら。

さてオンブバッタなんてそれまで気にしたことがなかった。ちょっと調べてみることにする。『インセクタリウム』という雑誌に、藤森真理子さんが「オンブバッタの生活史」という論文を発表している。

藤森さんは飼育と、野外観察をていねいに行なってこのバッタの生活史を明らかにしている。オンブバッタのうち乗っかっているほうが雄だ。交尾をするときは、雄は腹を伸ばし、雌のお尻の先端にうまく合わせる。ただ、ふつうオンブバッタを見かけるとき、いつもこんなふうに交尾をしているわけではない。ただ単にオンブしているときが多い気がする。

藤森さんによれば、いちばん長かったものは、同一個体と延々15日間にわたってオンブと交尾をしていた例があるという。でもこれを逆にとれば最長でも15日。残りは途中でオンブをやめるわけだ。そして別の雄が代わりに乗っかることになる。その間、だれもオンブしていない状態というのもまたある。

交尾中に雄が乗っかっているのはわかるが、なぜそれ以外にもオンブしている時間があるのか。藤森さんの観察では、雄同士が雌をめぐるケンカをしたときには、体の大きさに関係なく、先に乗っていた雄が勝つことがほとんどだという。つまりオンブされていたほうがケンカに強いのだ。それでもなぜ交尾後も長時間雌を確保し続けるのか、ということはまだよくわかっていない、という。

オンブバッタの仲間には、姿、形がよく似たアカハネオンブバッタという種類が沖縄にいる。このバッタはどんなふうにオンブしてるのだろう？　ある日公園で探してみることにした。この日見つけたのは雄3、雌1だったけれど、だれもオンブはしていなかった。「あれ？」と思う。飼育してみたものの、短時間交尾のために雄が雌に乗っても、やがて離れてしまう。スギモトさんに聞いてみても「そういえば、交尾以外のオンブは見ていないなぁ」と言う。アカハネオンブバッタはどうやらオンブシナイバッタらしい。オンブバッタも年がら年中交尾状態にあるわけではない。それでもしょっちゅうオンブする変なバッタなのだ。

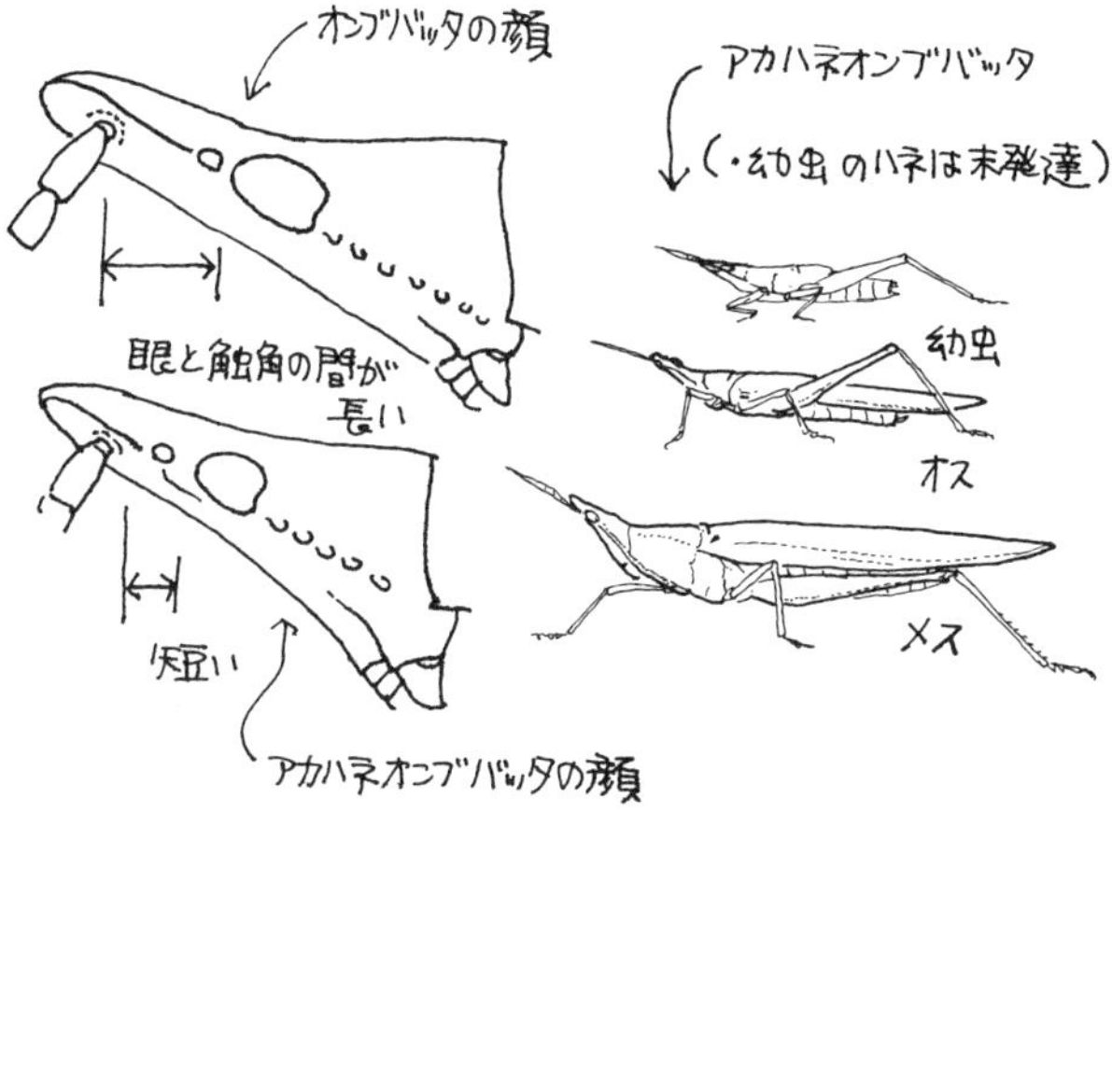
オンブバッタの顔
眼と触角の間が長い
短い
アカハネオンブバッタの顔
アカハネオンブバッタ
(・幼虫のハネは未発達)
幼虫
オス
メス

子カマキリは何を食べる？

【カマキリ】

カヨが突然僕に「ねぇ、カマキリの卵っていつかえるの？　あったかいところに置いておいたら早くかえる？」と聞いてきた。そのときは自分の体験が何もなくてうまく答えられなかったのだけど、その後、偶然そんな機会に巡り合った。冬の北海道で、ある保育園を訪れたとき。その園長のノダさんが僕に言った。

「カマキリの卵を取ってきて、ロッカーの中に置いといたらかえっちゃったんですけど、どうしたらいいですか？」

見ると水槽の中で、オオカマキリの子供がわらわらしている。ストーブの暖かさで卵が時期外れに羽化してしまったのだ。僕は今沖縄に住んでいるが、このノダさんに会うころ、僕も同じ失敗をした。10月28日に、埼玉からオオカマキリの卵のうを沖縄に持ち帰ったら、11月16日に孵化したのだ。沖縄の暖かさをあらためて知らされたと同時にうろたえた。沖縄にはオオカマキリがいない（よく似たオキナワオオカマキリという別種が分布している）。そんなところへ、この子カマキリを放すわけにはいかない。そこで飼うことにしたのだ。

エサは何がいいだろう？

「共食いとかして最後の1匹が残るってことはないんですか？」

ノダさんは僕にそう聞いてきた。最初は僕もそんなふうに思っていた。雄さえ食べてしまう雌の話はあまりに有名だ。ところが子カマキリたちはお互い顔を合わすとびっくりして逃げ惑う始末。いっこうに共食いの気配はない。アリを入れてみたが、1頭のアリがたまたま食べられはしたけれど、多くの場合やはりアリに出くわすと逃げ出してしまう。

ファーブルも子カマキリの飼育には手を焼いている。ひょっとしたら菜食主義者なのではないかと一時考えたぐらい、彼の与えた小さなエモノたちは拒否された。そして結局ファーブルの飼っていた子カマキリは飢え死にしてしまう。

孵化したばかりの子カマキリの飼育は難しい。サイズにあったエサが調達できるかどうかがカギだ。また、子カマキリがエサをとるときのしっかりした足場も必要だ。興味深いことにエサをとり二齢になると子カマキリは共食いを始めるようになる。結果、飼育は楽になるが、同時に個体数は急速に減少していく……（僕の場合、1匹の成虫のみを育てあげる結果となった）。

もちろんカマキリは子供時代からハンターであり、そのエサはそれに見あった小さな虫だ。しかし思った以上に彼らの子供時代は臆病で脆弱な虫だ。あのふてぶてしいカマキリの成虫まで育つのは、ほんのひと握りのものだろう。

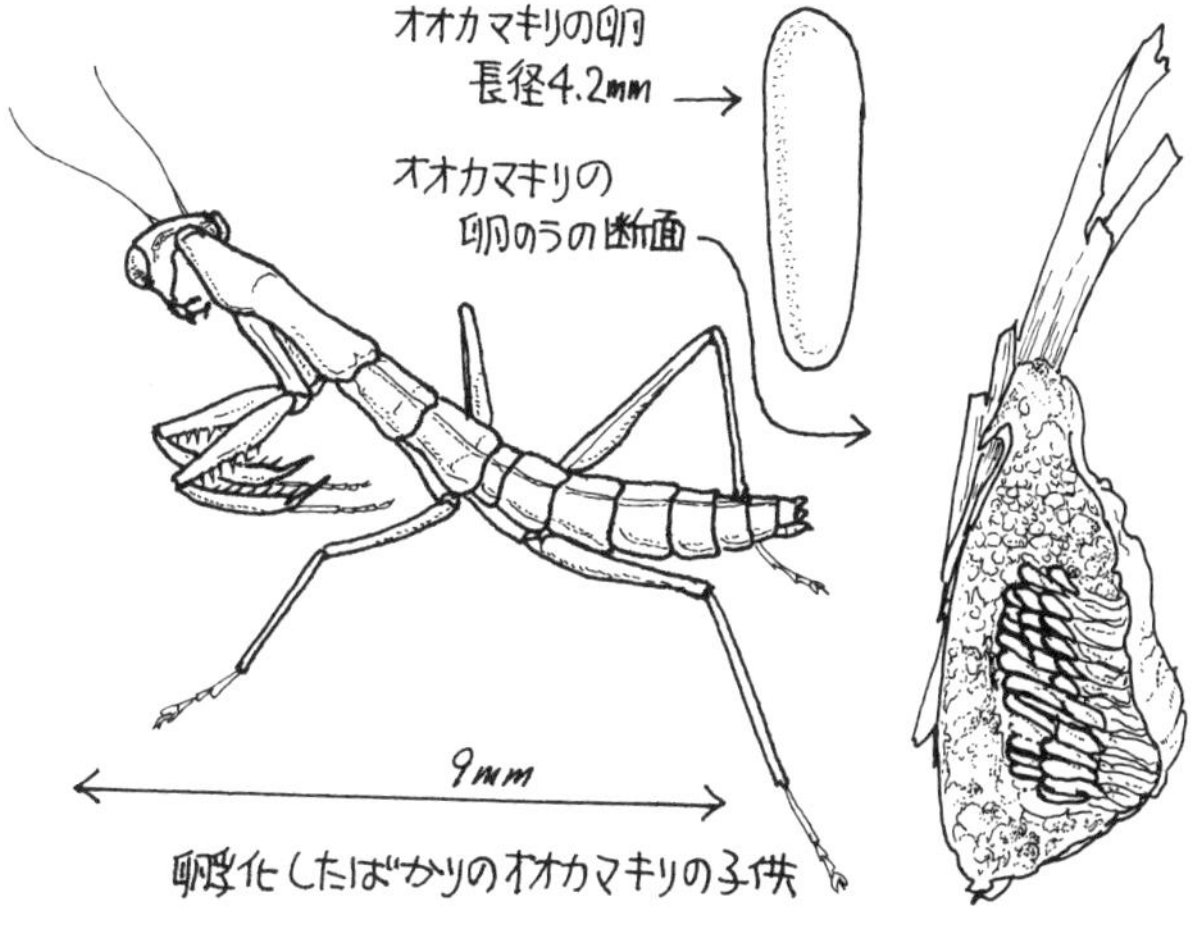
オオカマキリの卵
長径4.2mm
オオカマキリの
卵のうの断面
9mm
孵化したばかりのオオカマキリの子供

コラム④
ナナフシは苦いか甘いか

日本のナナフシのなかで最重量なのが沖縄にいるツダナナフシだ。念願かなってこのナナフシを西表島で見ることができた。

このナナフシの食草はアダンだ。アダンはトゲのある植物でヤブを作ってると到底入りこめない。そしてこのナナフシは夜行性で、昼間はこのアダンの葉のスキマにぴったりと身を寄せている。さらに見つけ出したツダナナフシにちょっかいを出したら、前脚の付け根当たりから白い液をピュッと噴き出した。それが手の出す方向に向けてちゃんと噴く。液はミントのニオイがするもので、毒かどうかはちょっとわからない。ただ目に入ったら痛そうだ。目に入らなくても多量の液を噴き出すので、わかっていても驚くことは確かだ。これを見て同行したウエハラ君が言った。

「ナナフシ、おいしいんすかね。だってトゲトゲのアダンに身を隠しているうえに、こんな液まで出すんですよ」

なるほど、彼の言い分はもっともだ。

授業でナナフシの話をしたとき、ミキコが自分の幼児体験を語ってくれたことがある。ナナフシを食べた話だ。

「縁側の隣の植木の枝を取ってかじったの。そうしたらそれが枝じゃなくてナナフシ。それで口の中にじわーっとチョコレートの味がしたんだよ」

「かじる前にふつう気づく」と突っ込みを入れたくなる。しかしまだ、苦いか、甘いか、自分で味を試せていない。

第5章　怪虫記

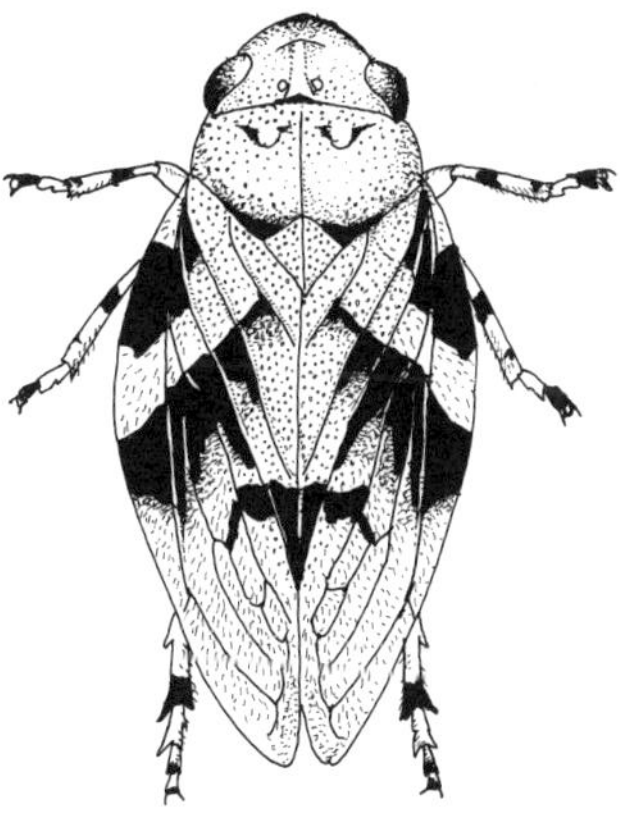

シロオビアワフキ

アリイモムシの正体は？

【シャチホコガ】

イモムシ、ケムシ、アオムシとさまざまな呼び方があるほど、チョウやガの幼虫の形はいろいろだ。それでも基本は頭につづいて前、中、後の3対の胸脚があり、腹部に5対の腹脚（尾端のものは尾脚という）があるというスタイルをしている。一般には歩行に腹脚がよく使われるが、幼虫時代にミノを背負っているミノムシでは、移動時に胸脚だけ使うので腹脚の発達はわるい。独特のシャクトリ運動をするシャクトリムシ（シャクガの幼虫）では、腹部の第一、二、三脚が退化している。

「このアリイモムシは何？」

ヒロコがそう言って変な幼虫を持ってきた。

ヤスコもまた「この前、変なの見つけたよ。アリンコイモムシ？　何？」と報告に来た。

この幼虫の特徴は、前脚は普通のイモムシのように短いが、中、後脚は細長く、イモムシの脚というより、何かの成虫の脚のようになっている点だ。腹脚は普通だが、尾部はやや平たくなっていて、尾脚もまた細長く変化し、枝をつかむ役目は果たさない。全体にアンバランスでグロテスクな幼虫である。

アリイモムシの正体はヒメシャチホコガの若齢幼虫だ。色が黒っぽく体もこぶりなのでまさにアリ＋イモムシ。これに対しシャチホコガの成熟幼虫となると、体長5㎝を越え、アリにはまったく似ず奇妙なイモムシとしかいいようがない。タクジに言わせれば、「すげー珍しい虫」となる。これらシャチホコガの幼虫は、枝に静止する時に、頭部と尾部を反り上げる独特のポーズをとる。それがシャチホコの名の由来だ。このときは長い胸脚はたたんでいるが、ちょっかいを出してみると長い脚を広げて揺らす。この長い脚は歩くのには不便だが、一種の威嚇の手段として発達したものらしい。

シャチホコガはシャチホコガ科の虫だが、この科の幼虫が全部こんな奇妙な姿をしているわけではない。モクメシャチホコでは胸脚は普通で、尾脚だけが長い突起に変化している。そしてモンクロシャチホコは一見ただの幼虫（全身に毛が生えているので毛虫だが）。別名をサクラケムシという。サクラの葉を暴食する毛虫だ。一度ゲンが「サクラの毛虫は食べられる」と言い出したのでみなで食べてみたこともある。あぶって毛を焼いてから炒ってみたら、けっこううまい。このときは食べることばかりに集中していたけれど、調べてみると、実はこの毛虫もエビ反りポーズをちゃんととり、フナガタケムシの名もあるという。やっぱり血は争えないものらしい。

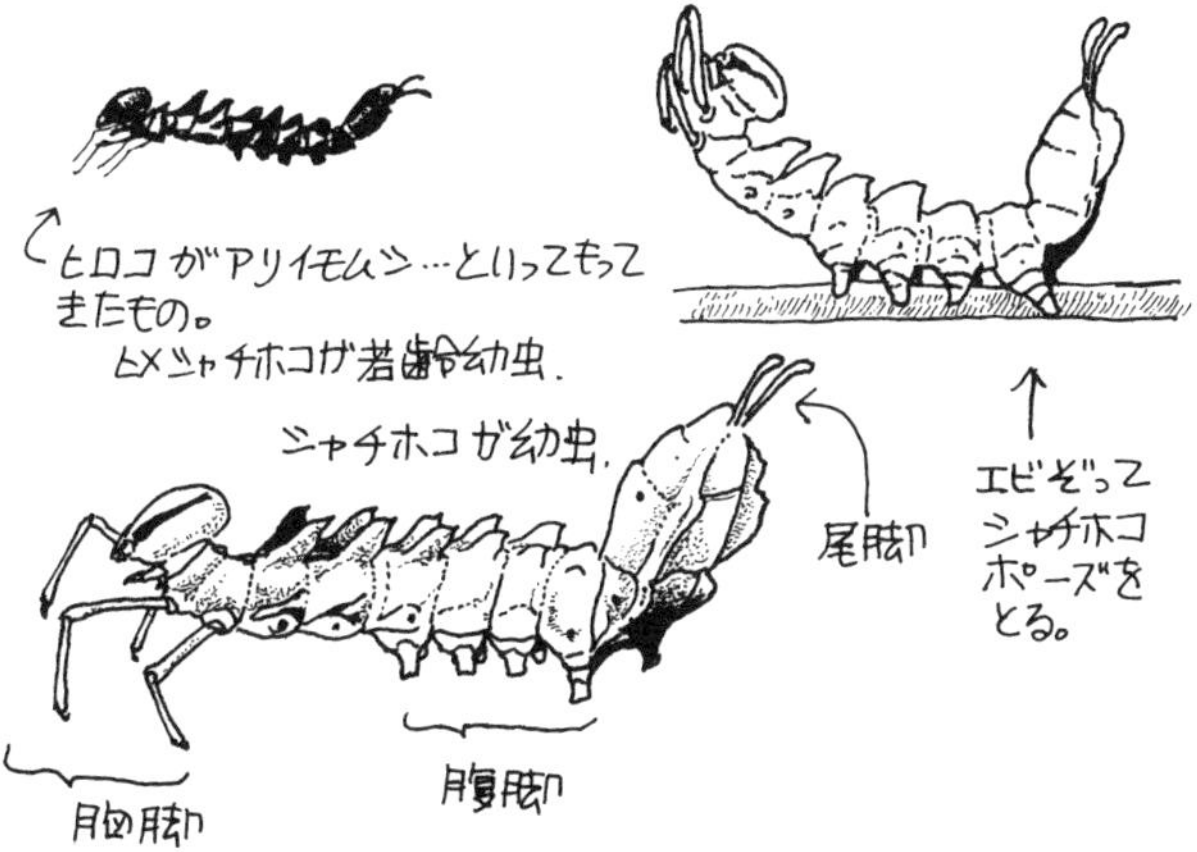
ヒロコがアリイモムシ…といってもってきたもの。
ヒメシャチホコガ若齢幼虫。
シャチホコガ幼虫。
尾脚
エビぞってシャチホコポーズをとる。
胸脚
腹脚

ハチドリがいた??

【ホウジャク】

「植木の花で今日ハチドリ見たよ。」

ハンダが僕にそう報告に来た。

「どんなやつだった?」そう聞くと、「背中が緑色で光ってた。くちばしが長くて、空中に止まって花の蜜吸ってたよ。」と言う。

タクミもハチドリを学校の近くで見たことがあるよ、と僕に言う。

「そりゃハチドリじゃなくて虫だよ」。僕がそう言うとタクミは、「いや絶対あれはハチドリだ。本で見たことがある」と言って譲らない。「だってハチドリは日本にいないよ」。そう言うと、それでも彼は、「うーん研究してる人、みんなそう言ってるの?」と半信半疑だった。

「大発見」と思っている生徒たちの夢を壊してしまって何だか申し訳ないが、このハチドリモドキの正体はオオスカシバというガだ。ハンダの観察がこのガの成虫の行動をよく言い表している。そしてこうした行動は確かにハチドリによく似ている。オオスカシバと同じような行動をするホウジャクというガも時にハチドリに間違う生徒がいる。ホウジャクは漢字で書けば「蜂雀」で、これはハチドリのことだから、この名をガにつけた人も両者がよく似たことを認めていたわけだ。

これらのガはハチドリ以外、ハチにも見誤れることがある。

ヨーペーが「小学生のころ、翅が見えなくて静止できる緑色の虫をエビバチといって、みんなすごい恐れてた。しっぽが広がってエビみたい。あれが全部針だと勘違いしてたんだ」と言うのだ。高速で飛びホバリングする独特な姿は、ガやチョウの一般的イメージと合わないから、こんな勘違いを生むのだろう。

オオスカシバやホウジャクはスズメガの仲間である。スズメガは飛翔力の強い大型のガで、やはりホバリングして蜜を吸うものがほかにもいる。ただ、多くのスズメガは夜行性で、こうした姿を目にとめることはあまりない。そのためホウジャクたちがよけい印象的に映るのだ。逆にいうとホウジャク達は昼行性のガだ。そしてこんな生活をしている彼らにとって、ハチドリに見誤られることとは別として、ハチに見誤られることは捕食を避けるには有利かもしれない。ただ実際鳥がどう見ているかは謎だけど。

ホウジャクは静止すると一転、また別の姿として現れる。「枯れ葉に似た新種の虫を見つけたよ」そう生徒たちが報告に来るのは、止まっているホウジャクを見つけたときだ。そんなホウジャクは変幻自在の虫といえる。

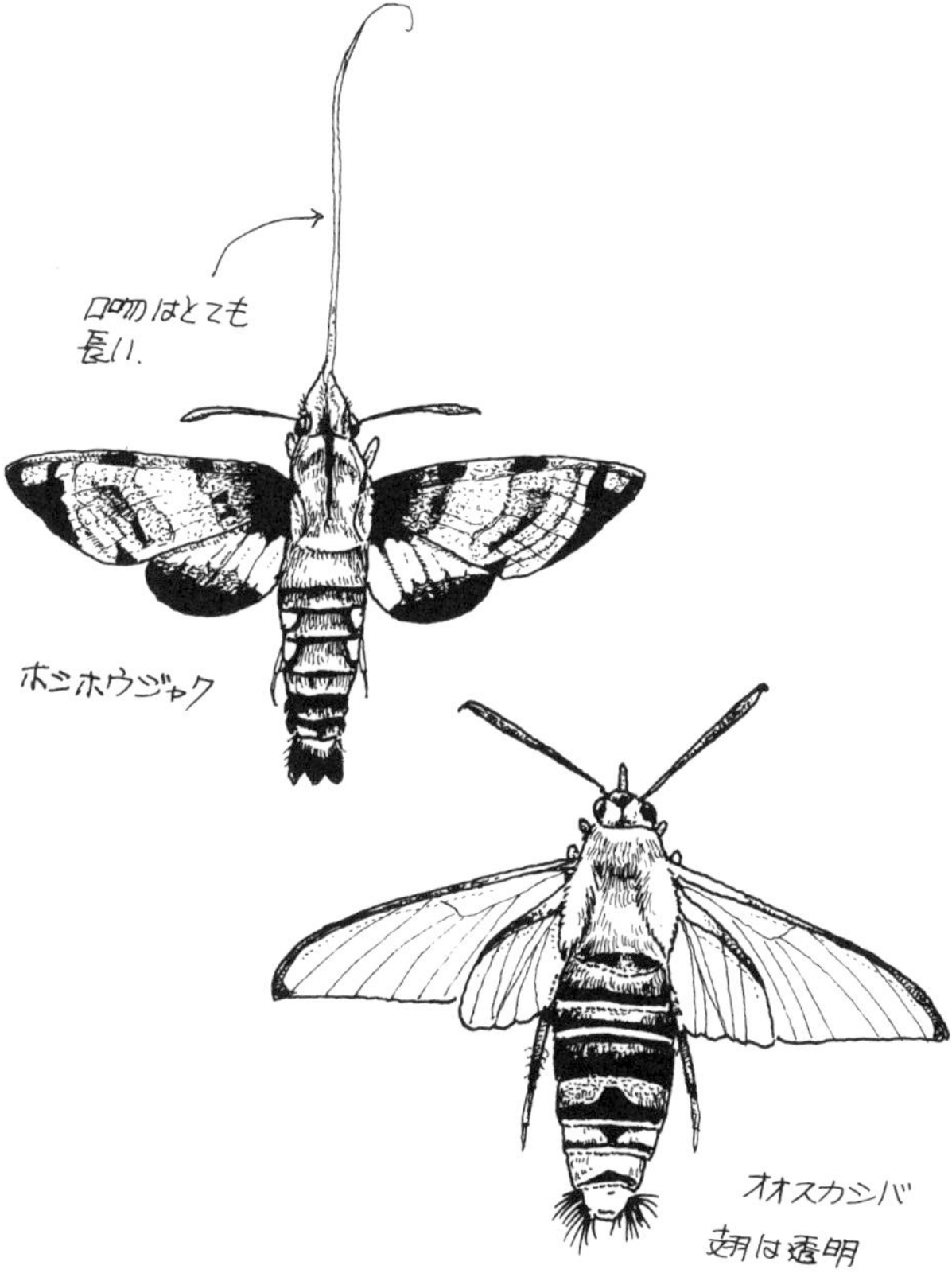
口吻はとても長い.
ホシホウジャク
オオスカシバ
翅は透明

アゲハのモドキ

【アゲハモドキ】

「寮の明かりでね、アゲハみたいなガを捕まえたんだけど」

ミカコがそう言うと「アゲハそっくり」のガを持ってきた。ミカコは正しく「ガ」と認識していたが、別の生徒が「チョウ」と言って持ってきたこともある。それほど似ている。

アゲハの仲間には後翅に尾状突起を持つものが多いが、このアゲハモドキというガも尾状突起をちゃんと持っている。そしてアゲハのなかでもジャコウアゲハにこのガはことさら似ている。翅の模様もそうだが、ジャコウアゲハの腹部側面の赤い模様までそっくりだ。ただアゲハモドキの方がひとまわり以上小さいけれど。

ミカコがアゲハモドキを見つけたのは9月12日のことだったけれども、別の年の9月30日、僕と生徒達が野外授業をしていた時、偶然アゲハモドキの幼虫を校庭のミズキで見つけた。このガの幼虫の食草はミズキの葉なのだ。このときすでに幼虫達は終齢で、翌日再び見にゆくと多くの幼虫は木の幹を伝わり地面に下りてゆくところだった。そしてやがてその木の近くの落葉の裏側で、フワフワの白いマユをつむいでさなぎになった。

アゲハモドキの幼虫はジャコウアゲハの幼虫にまったく似ていない。ジャコウアゲハの幼虫の基本色は黒。そして部分的に白斑がある。そして背には体節ごとに突起がついている。一方のアゲハモドキの幼虫の基本色は白で、背にはもろいロウ状物質からなる長い突起が何本も突き出ている。もともと縁の遠い虫だから幼虫の姿が異なっていてもそれはあたりまえといえるのだけど、それではなぜ成虫はあれほどそっくりなのだろう。

ジャコウアゲハの幼虫の食草はウマノスズクサというつる植物だ。そしてこの植物には特有の成分がある。早く言うと毒だ。そして幼虫がこの毒草を食べるジャコウアゲハは成虫になっても体内に毒をためこんでいる。ジャコウアゲハの成虫はパタパタとごくゆっくり飛ぶが、これは黒地に赤の腹部とあいまって、わざと自分をめだたせているように見える。「自分は食べられないよ」と。そうするとアゲハモドキはスタイルをまねることで恩恵にあずかっていると言えそうだ。しかし「ハテナ」と思うこともある。僕の学校のあった飯能では、ミズキは多いがウマノスズクサは少なく、ジャコウアゲハの姿を見ることがほとんどなかったからだ。「モデルがいないのにまねして大丈夫なの？」というわけ。だから本当にそうなのかいまひとつ考えあぐねているのだ。

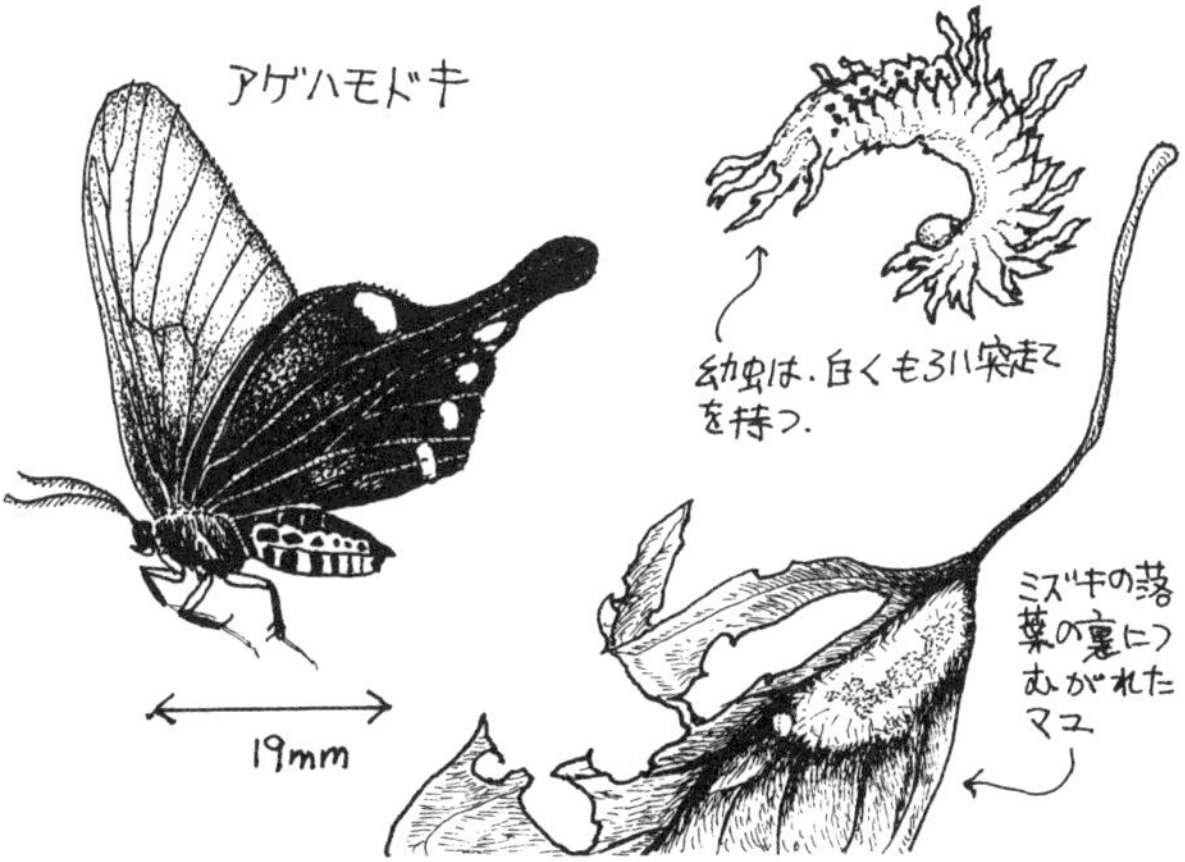
アゲハモドキ
幼虫は．白くもろい突起を持つ．
ミズキの落葉の裏につむがれたマユ
19mm

ブドウ虫の正体

【ハチミツガ】

木工の教員のノグチさんは「釣りバカ」を自称している。特技を生かして、ルアー作りをコツコツとやって、研究室にもズラッと並べていたりする。でも話のわりに釣果をいただいた記憶が僕にはあまりないのだけれど。

そのノグチさんがある日「ブドウ虫って知ってる？　天然のものってあるの？」と僕に聞いた。

ブドウ虫というのは釣り具屋で売っている釣りエサ用の虫だ。僕は釣りをしないのだが、こと虫が絡むのでブドウ虫の正体には興味を持っていた。釣り具屋で売られているブドウ虫は養殖ものがほとんどだが、その正体は本来のブドウ虫とはまったく関わりがない。

本来ブドウ虫というのはエビヅルのつるの中に潜ってそれを食べるブドウスカシバの幼虫のことだ。晩秋ごろから幼虫はつるの中で越冬するが、幼虫の入ったつるは虫コブ化し、肥大するのでそれとわかる。もともとはこのつるを切り取って渓流魚の釣りエサとして利用していた。

ところがこのブドウ虫は野性のものだから採取に限度がある。幼虫期も長く、材を食べる虫なので養殖は難しい。結局別の虫がブドウ虫の代役となることになった。

代役となった虫はハチミツガの幼虫である。このガの幼虫はミツバチの巣を食べて暮らす。そのため養蜂業にとっては大害虫である。ところがこのハチミツガは人工飼料でも飼育できることから、実験昆虫として利用されることになった。そしてこれがさらに転用されて、釣りエサ用の虫として養殖されることになったのだ。

調べているうちに、こんなことはわかったけれど、やっぱりなんでも試してみたくなる。釣り具屋でプラスチックパックに入れられて売っている「養殖ブドウ虫」にミツバチの巣のカケラを与えてみたところ本当に食べた。やっぱりこいつはハチミツガだったのだ。そしてこの幼虫を机上に放置していたら、その成虫も羽化してきて再確認。

この「養殖ブドウ虫」開発に関わった梅谷献二さんが『インセクタリウム』という雑誌に書かれた文章を読むと、釣りエサ用としては、幼虫のまま長くいるための処理や、幼虫を大型化する処理が施されたという。養殖ブドウ虫のパッケージに「バイオ」と書かれたりしているのはそうした事情からのようだ。

「えーっブドウ虫じゃないのか。ちょっとショックだな」

ノグチさんはそう言うが、養殖さまさまで安く釣りを楽しんでるんじゃなかろうか。

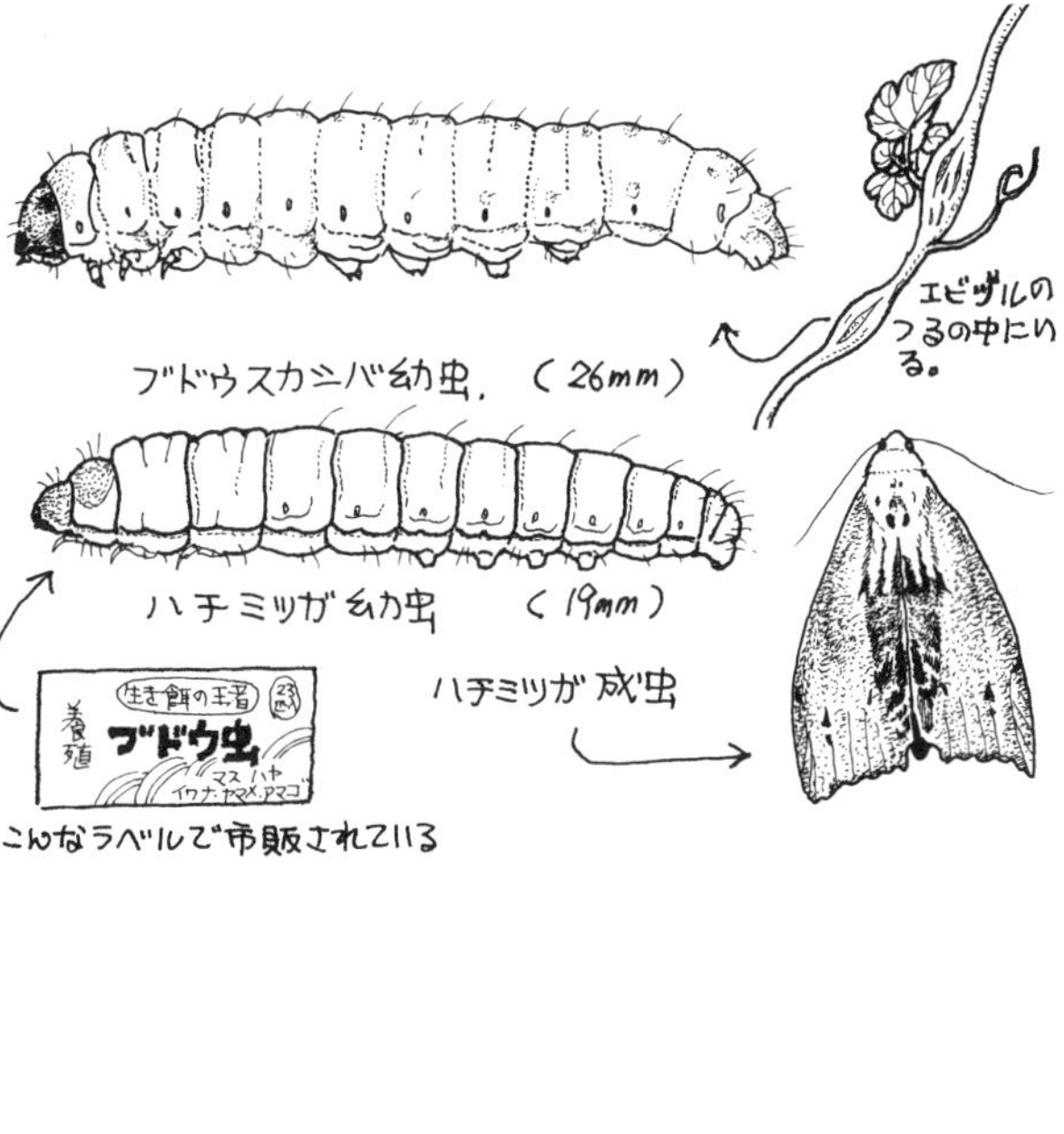
ブドウスカシバ幼虫，(26mm)
エビヅルのつるの中にいる。
ハチミツガ幼虫 (19mm)
生き餌の王者
養殖
ブドウ虫
マス ハヤ
イワナ・ヤマメ・アマゴ
こんなラベルで市販されている
ハチミツガ成虫

スカシダワラって何？【クスサン】

卒業して九州の大学に行っているケイコから小さな包みが届いた。包みの中にはスカシダワラと呼ばれるガの空マユが入っていた。

「これは何ですか？　拾ったら友人に気味わるがられたけれど、あたしは飾っていました。逆にみんなの気持ちわるいという反応にはびっくり。あたしはニコニコして今まで飾っていたのよ。よかったらこの名前を教えてください」

そんなメモが同封してあった。思い返せば、在学中もケイコは「これ何？」と緑色のヤマカマスと呼ばれるマユを拾ってきたものだ。

冬の雑木林に行くとこんな空マユが見つかる。カイコのマユを大きくし、黄緑っぽく色づけたのはヤママユガのマユ。スケスケのスカシダワラはクスサンのマユ。ヤマカマスはウスタビガのマユだ。いずれも冬にはすでにガは羽化した後で空マユとなっている（ただ、寄生バチにやられたものはマユの中にまださなぎが入っている）。

クスサンのマユはクリの木で多くみつかるが、他にもイチョウやコクサギにも多い。

クスサンの幼虫は白っぽい緑の毛を背にふさふさに生やした大型の毛虫だ。毛虫というと何でも毒があると思われがちだが、クスサンの幼虫には毒はなく、手で触っても大丈夫。そして大柄のこの幼虫にはシラガタロウという名がつけられている。つまりクスサンは、シラガタロウ→スカシダワラ→クスサンとそれぞれの成長段階に個別の呼び名を持っていることになる。

この幼虫に個別の名が与えられたのは特異な形だけでなく有用だったからだ。クスサンのマユはスケスケでもごく丈夫だ。釣り糸に使われるテグスは現在は合成繊維だが、かつてはこのクスサンの出す糸で作られていたほどだ。

その作り方はマユをつむぎだすころの幼虫を取り、その糸を出す腺を体内から取り出して、この中の糸の成分を酢の中で引き伸ばし、1本のテグスにするというもの。僕は実際にまだこれを試したことはないが、埼玉の自宅脇のクリ畑にシラガタロウは多産していて、おなじみの虫だった。

ところがある年、知り合いのハチ研究家、ナンブ先生から便りをいただいてびっくりした。先生はクスサンのさなぎや卵に寄生するハチを毎年調査されていたのだが、近年先生のフィールドからぱったりクスサンが姿を消したというのだ。その原因は都会で増え、あぶれたカラスがシラガタロウを食べたからではないかとも書いてある。身近な虫もいつ珍しくなるかわからないのだ、とこのときつくづく思った。

マユいろいろ

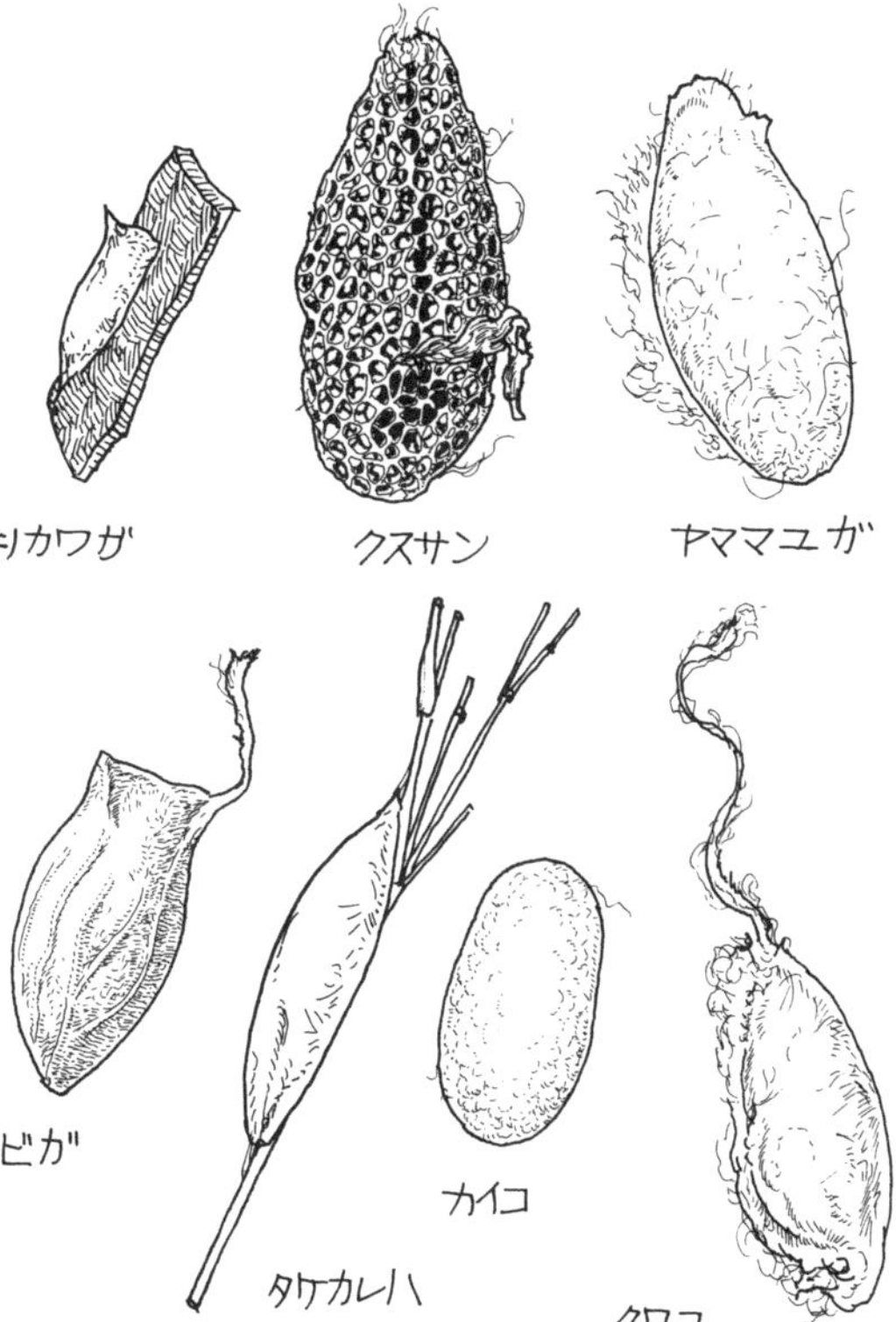
キノカワガ
クスサン
ヤママユガ
ウスタビガ
タケカレハ
カイコ
クワコ

陸にもホタルが

【クロマドボタル】

中1のとき、寮にアヒルのヒナを連れ込んで怒られたという経歴のあるミカコは、根っからの生物好きだ。それが僕らの学校に入って、冬虫夏草やら虫やらちょっと怪しい方面にまで手が伸びていった。そして一時彼女は野ネズミの観察にはまった。夜な夜な寮を抜けだし、近くの廃屋近くに陣どってネズミを観察していたのだ。

5月、そのミカコがネズミウォッチング中に変な虫を見つけたといって1匹の幼虫を持ち込んだ。

「草ムラで青い光が光ってたの。最初ネズミの眼が光ってるのかと思った。そうしたらこれが虫。シャクトリムシみたいに動くんだよ」

光る虫といえばホタル。そうこれはホタルの幼虫で陸生のものだ。そして僕も本では知っていたけれど、この時初めて実物を見たのだった。その後虫好き少年イガラシもこの陸生ボタルを見つけて持ち込んできた。これは11月のこと。ホタルは夏の虫だから、草原で偶然こうした時期はずれの光を見たコーモトさんも、「今ごろホタルなんているの？」と僕のところに聞きに来た。

「普通のホタルはカワニナ食べるんでしょ。じゃあ、これは何食べるの？」

「小っちゃいカタツムリだよ。」

「えーっカタツムリ？　探してこよう」

ミカコたちはカタツムリを探しに外に行った。そしてシャーレの中で、陸生ボタルの幼虫は、小型カタツムリの殻口に頭を突っ込んで食べる様を、僕たちに見せてくれた。

ホタルといえば、すぐゲンジ、ヘイケを思い浮かべる。幼虫は水中で貝を食べ、夏に成虫がでてくると思う。逆にいうとこのイメージがあまりに強い。

日本には50種ほどのホタルの仲間が知られているが、このうち幼虫が水中生活を営むのはわずか3種。残りの圧倒的なホタルは陸生なのだ。そして陸のホタルたちはもっぱらカタツムリを食べている（中にはミミズ食なんていうのもいる）。

僕の埼玉の学校周辺にも、ムネクリイロボタルやオバボタル、クロマドボタル、スジグロボタルなどの陸生ボタルが棲んでいる。こうした陸生ボタルの暮らしぶりにはまだまだわかっていない点も多い。ミカコの捕まえてきた幼虫も、しばらく飼っていたものの、蛹化・羽化には至らなかった。そのため何ボタルかわからないままでいる。

陸生ボタルのひとつ、スジグロボタルの成虫は、黒い胸に赤い翅の美しいホタルだ。この成虫を11日間飼っていたこともあるが、ついぞその光を見ることはなかった。ホタルの成虫は必ず光る、というわけでもまたないのだ。

ホタルいろいろ

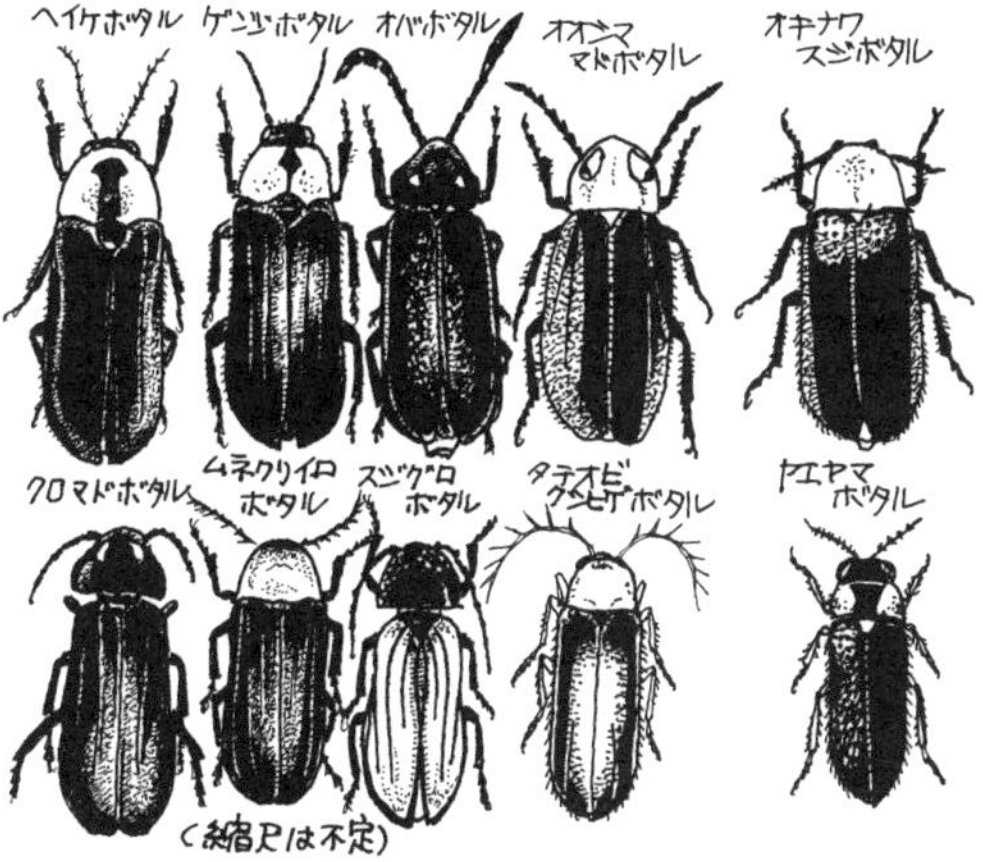

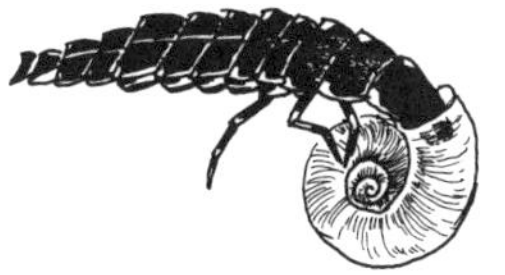

日本産ホタルのうち
幼虫が水中でく
らすのは、わずか
3種類のみ。

カタツムリを食べている陸生ホ
タルの幼虫

発光器
ミカコのつかまえてきたもの。
クロマドボタルの幼虫？

金ピカの虫

【ジンガサハムシ】

「この前、うちの母親がテントウムシみたいで、透明で金色の虫見たっていうけど何？」

ツンツンがそう聞きに来た。

同じ虫を「新種の虫発見？」と生徒たちが見つけて騒いだこともある。

大きさは1㎝もないけれど、日本の虫でこんなに金ピカの虫もいないだろう。やや楕円形のこの甲虫は全体が平たく、上翅の中央の背中部分は金に輝き、その周囲に薄く半透明なヘリがついている。幼虫も成虫もヒルガオの葉を食べるジンガサハムシだ。

ジンガサハムシの仲間には、こげ茶色の地に金色のX字型の紋を持ったセモンジンガサハムシもいる。

ある日、昆虫少年のイシイ君が、校内からアオカメノコハムシを見つけて嬉しそうに持ってきた。この虫もジンガサハムシの仲間で、やはり平たく薄いへリを持った体形をしている。ところがこいつは全体が緑一色。葉の上にとまっていたらまるで目立たぬこの虫を見つける生徒は、やはりイシイ君ぐらいだと感心する。それと同時に同じ仲間なのになぜ片方は地味で片方はこうも成金趣味なのかと考えてしまう。

僕はイシイ君に見せてもらって、初めてアオカメノコハムシを見たのだが、その翌春のクラスキャンプのときにようやくアザミの葉上のこの虫をゲットした。このとき、同時にアオカメノコハムシの幼虫も見つけたのだが、その幼虫のユーモラスな姿にまたひきつけられる。三対の脚を持った平たい幼虫は、体の側面にぐるっと小さな刺の生えた突起をつけている。そして変わっているのはその背中に、泥状のものを背負っている点だ。じっと見ていると、長い管状のものがお尻からのびて、その泥を重ね塗りする。泥にみえたのは自分の糞だったのだ。こうして糞を背負った幼虫は葉の上にいてもまったく虫には見えない。

ジンガサハムシも、幼虫のスタイルはアオカメノコハムシとほぼ同じだ。ただ彼らが背負っているのは自らの脱皮殻。それを順序よく重ねて背負っている。実はアオカメノコハムシも、糞をこの脱皮殻の上に重ね塗りしている。幼虫時代は成金虫も地味虫も一様に恥ずかしがり屋であったわけだ。

幼虫でいえば脱皮殻タイプが原形で糞塗りはそのバリエーションなのだが、成虫はどっちが原形なのだろう。そしてその意味は？　ちなみに虫が死んで乾くとこの金色はたちまちあせてしまう。うたかたの黄金虫であるのだ。

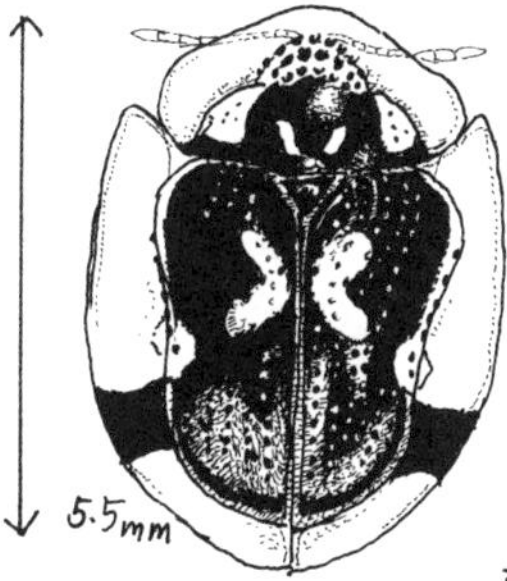
5.5mm
セモンジンガサハムシ
成虫.
背のX字紋は金色

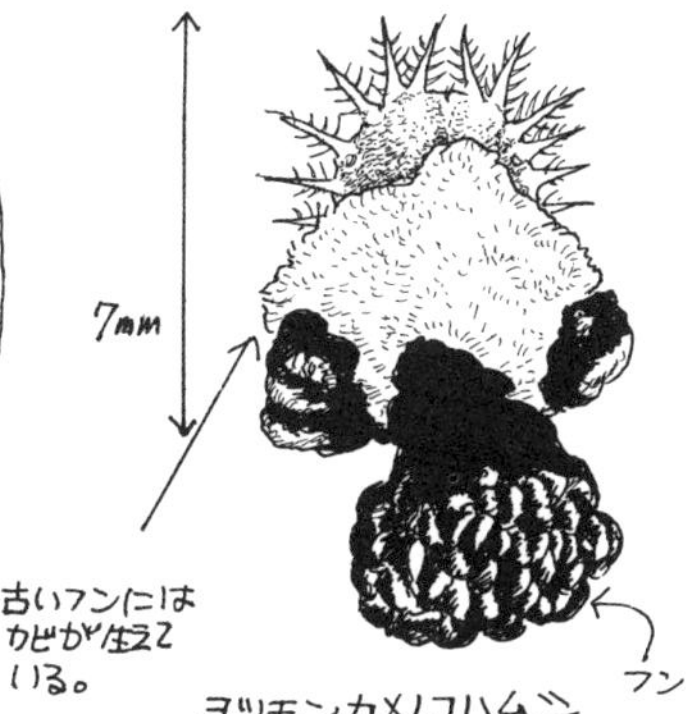
7mm
古いフンには
カビが生えて
いる。
フン
ヨツモンカメノコハムシ
幼虫.
この幼虫もフンを背負う。

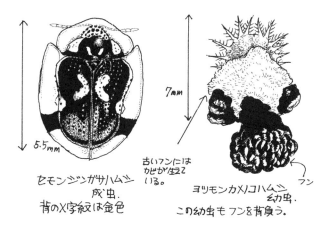

どうやって入ったの？

【エゴヒゲナガゾウムシ】

「エゴノキの実って毒があるんでしょ」

秋、ソウが校内のエゴノキの実を採ってきて僕にそう聞く。エゴノキは白っぽい果皮の実を鈴なりにつけるが、この実の果肉を採って砕き川に流すと魚が浮くという。いわゆる魚毒だ。

「でもその魚食べて大丈夫なの？」

「うん。毒の成分はサポニンといって、消化管からは吸収されにくいって聞いたことある。魚はエラ呼吸だから、エラから毒が血管に直接入っちゃうんだね」

このサポニンの効果を魚に試したことはまだない。ただし、実をつき砕いて水に溶かすと成分のサポニンのため水が泡立つ。この液をつけたストローを吹いてみたら、フワフワと飛ぶことはないけれど、先っぽにシャボン玉モドキができた。

エゴノキの実の中には硬い殻を持った種子がひとつ入っている。こんな会話をしてしばらく後に、ソウたちがその種子の中に虫がいるといってまた論議になった。

「この虫は何?」

「こいつはここにどうやって入ったの? どうやって出るの?」

硬い殻の中に、白い脚のない幼虫が入っているのを見たソウたちは不思議そうだ。

この虫の成虫はエゴヒゲナガゾウムシ。体長は5㎜ほどで、名のとおり触覚が長い虫だ。しかしなんといっても奇妙なのはこの虫の雄。雌はいわば普通の虫の頭をしているが、雄は頭の前面が平たくなり、頭の両脇に突起が突き出て、眼がその先端についているのだ。エゴヒゲナガゾウムシの成虫は、実が若く、種子の殻がまだ柔らかいうちに産卵をする。埼玉では8月中旬に、エゴノキの実の上でこのゾウムシを僕は見ている。そして種子の中に産み込まれた幼虫は、種子の殻に守られながら成長する。エゴノキの実は熟すと乾き、めくれ上がって中の種子を下に落とす。そしてゾウムシの幼虫は今度は自分のアゴで殻に穴を開け、そこから抜け出し土中でさなぎになる。エゴノキの木の下で種子を拾い集めると、こうして穴のあいた種子を見ることができる。

エゴヒゲナガゾウムシの幼虫は古くから知られ、川魚の釣りエサとしてチシャの虫と呼ばれる。

「ジャンケンで負けたやつ、こいつ食べてみようぜ」

ソウたちは今度はそんなことを言いだした。いい機会ということで僕も1頭口に入れたけど味はほとんどしなかった。

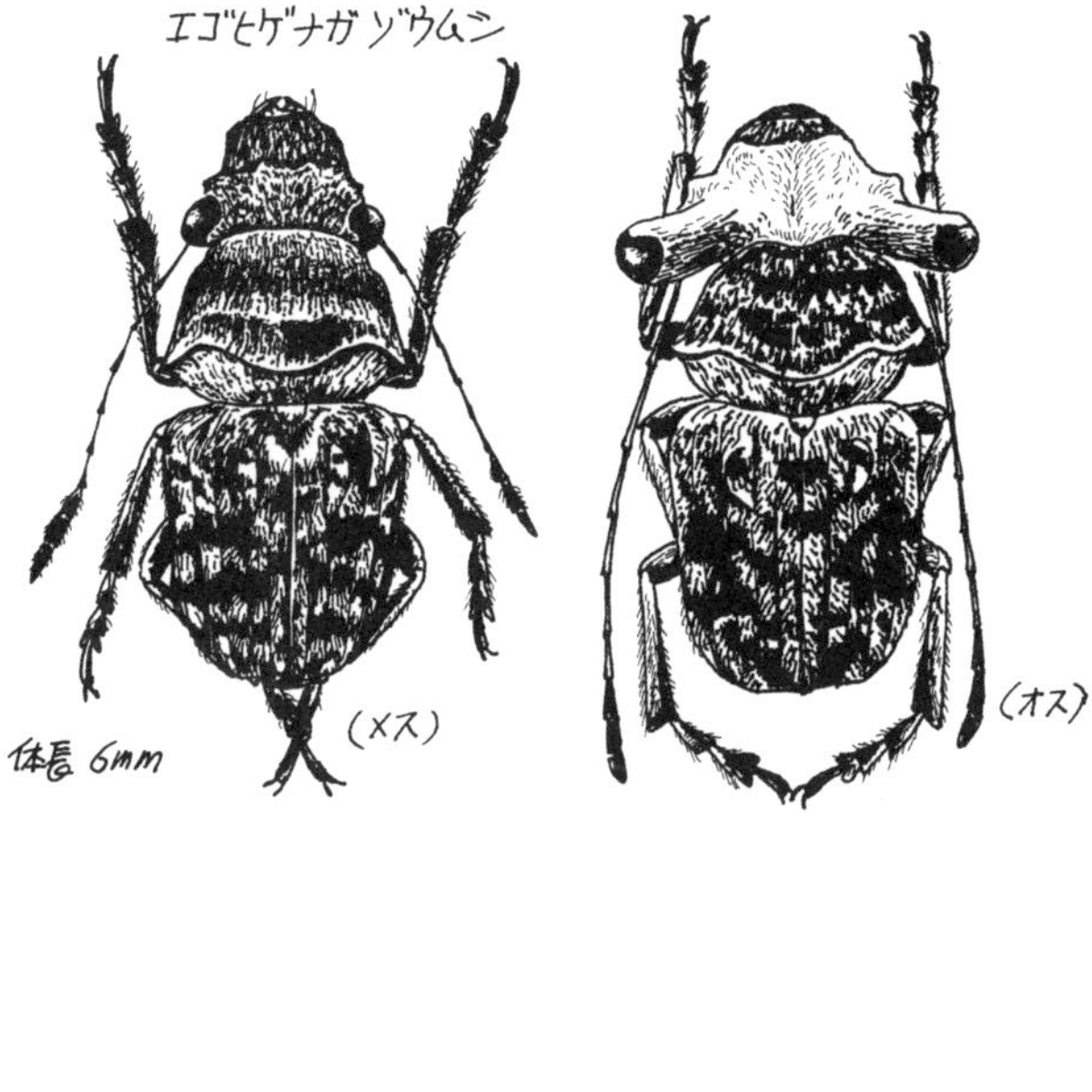
エゴヒゲナガゾウムシ
体長 6mm
(メス)
(オス)

外国からやってきた虫

【ブタクサハムシ】

「これなんて虫」

いつものように僕のところにまた虫が来た。今度の依頼主は同僚のヒグチさん。都内の実家で捕まえた虫だという。体調4・5㎜の黄土色の小甲虫。一見してハムシとわかるが種名まではわからない。そこであずかって後日判定を知らせる、ということになった。99年9月30日のことだった。

ところが家の昆虫図鑑を開いてもそれらしき虫が載っていない。おかしいぞ、と思う。ここにきて、以前の記憶の断片が結びつく。そして学校でキウイ棚の下をのぞいてみたらやはり同じ虫が見つかった。それはブタクサという帰化植物の葉の上に群がっていた。少し前、生徒達に押し葉づくりをさせたとき、ボロボロに食べられて葉脈だけになったブタクサの葉を見かけたことと、ブタクサに近年ニューフェイスのハムシが移入したという話をどこかで聞いたおぼえがあったのだ。

ブタクサは北米原産の帰化植物。その旺盛な繁殖力であっという間にあちこちにはびこり、人里に普通の雑草となった。加えてこの草は風媒花のため多量の花粉をまき散らすが、それが花粉症を引き起こし知名度を上げた。

そのブタクサにとりつく虫がやってきた。出身はやはり北米だ。ハムシ研究者の大野正男先生によると、この虫が日本で初めて見つかったのは96年、千葉県立中央博物館の生態園内であったという。また97年には東洋大学のキャンパスに発生しているのを大野先生自身が見つけ、ブタクサハムシという和名を与えた。そして以来、このハムシはブタクサを追って快進撃を始めた。

あちこちの知人に手紙を出してみたところ、奈良では98年には未見であったが99年になって発生を見たという手紙をもらった。同じとき福島に住んでいたシデムシ好きのシマノさんからは、「まだブタクサハムシは見ていません。僕はブタクサ・アレルギーなので、このハムシは導入したいぐらいです」という切実な便りが届いた。

さて、ではブタクサハムシはどうやって日本に来たのだろう。大野先生は、北米から輸入されている家畜用の干し草に紛れてきたのではないか、と考えている。

2000年、ブタクサハムシは仙台でも見つかったと当地のハヤサカさんから手紙をもらった。もともと日本にいなかったこうした帰化昆虫は、『日本の帰化生物』（保育社）のリストだけでも231種を数える。1匹の虫が持ち込まれたことで、僕はこんな帰化昆虫の分布拡大の瞬間に気づくことができたのだった。

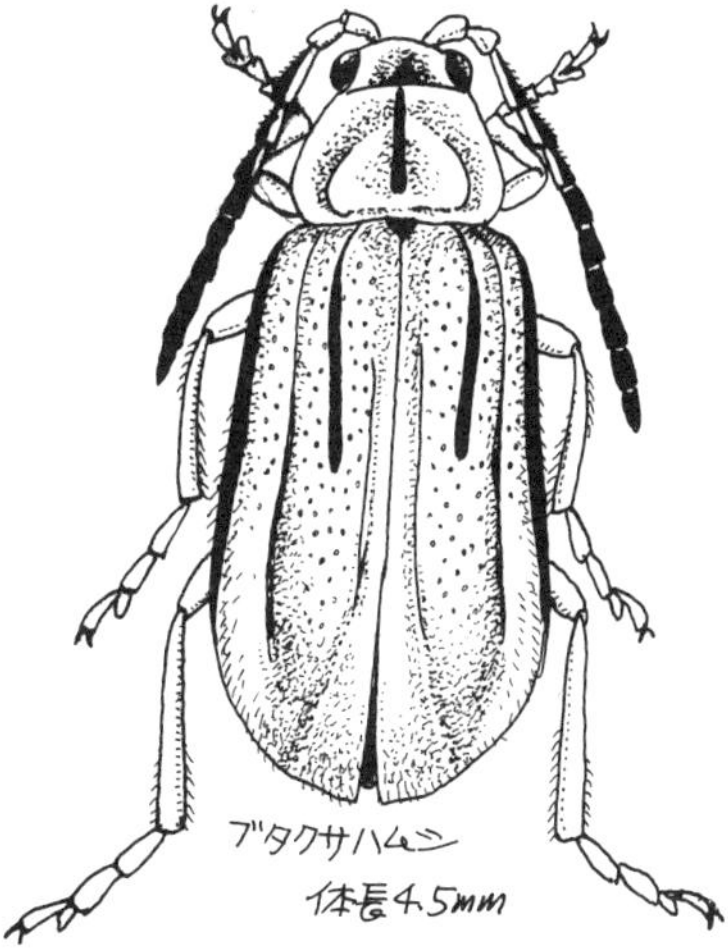
ブタクサハムシ
体長4.5mm

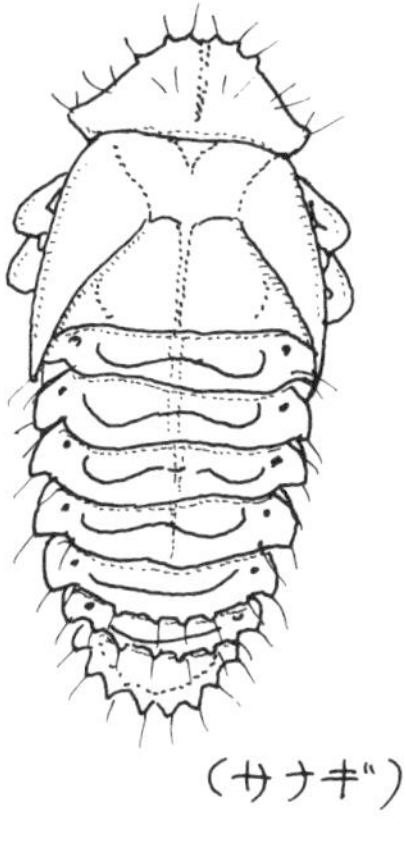
(サナギ)

タマムシのエサは?【チビタマムシ】

「木工室でタマムシを捕まえたんだけど何食べるの? うちの娘が飼いたいって言うんだよね」

木工の教員のヒラノさんがそう尋ねてくる。木工の授業では原木を切り出して机やイスを作らせている。そのために木工室周辺には木材が積まれ、虫のいい居どころになっている。タマムシの幼虫は木材を食べて暮らすから、ときどき夏になると木工室でタマムシが捕れるのだ。

小さいころ、タマムシを飼おうとして挫折したことがあった。以来タマムシの成虫は何も食べないんじゃないかと思い込んでいた。でも違った。例によってスギモトさんに聞くと、サクラの葉を食べさせてしばらく飼えるよ、という。エノキの葉でもいい。調べてみると飼育容器の下に葉を置いたのではタマムシは葉に食いつかず、ちゃんと上ぶたまで葉が届けばいいそうだ。そうして飼えば1ヵ月ほど飼え、雌ならば産卵も見られるという。

タマムシは子供のころのあこがれの虫だったが、ごく身近にいながらも気づかれないタマムシ、その名もチビタマムシという虫がいる。体長わずか2～5㎜。色彩もタマムシと違い緑や赤なんかに輝いてはいない。おおむねその色彩は茶色系統の地味めな色だ。タマムシは幼虫期は木を食べ成虫は葉を食うが、チビタマムシは一生を通じて葉を食べるタマムシともいえる。雑木林を歩けば、ケヤキでドウイロチビタマムシ、クズにクズノチビタマムシ、コナラでダンダラチビタマムシ、コウゾでコウゾチビタマムシとたちまち何種類ものチビタマムシを見ることができる。これらのチビタマムシの成虫はそれぞれの葉を食べている。そしてこれらの幼虫も同じ葉で見つかる。ただしそれは葉の中に潜んでいる。

よく木の葉に白い筋がくねくねと走っているのを目にすることがある。この筋の犯人を通称字書き虫、英語でリーフマイナー（葉っぱの炭坑労働者）という。その犯人はさまざまで、ハエの幼虫やガの幼虫、それにこのチビタマムシの幼虫たちである。これらの虫は葉の中の葉肉だけを器用にトンネル状に食べ、食べ残された皮のところが白く透けて見えるのだ。

チビタマムシの幼虫の作る「字」は筋ではなくて、不定型のパッチだ。このパッチの薄皮をめくると、頭部の大きい筋のある小さな幼虫を見ることができる。大きさにはずい分差があるものの、この形状はタマムシの幼虫と変わらない。もっともチビタマムシを飼おうとは、僕も思ったことはないけれど。

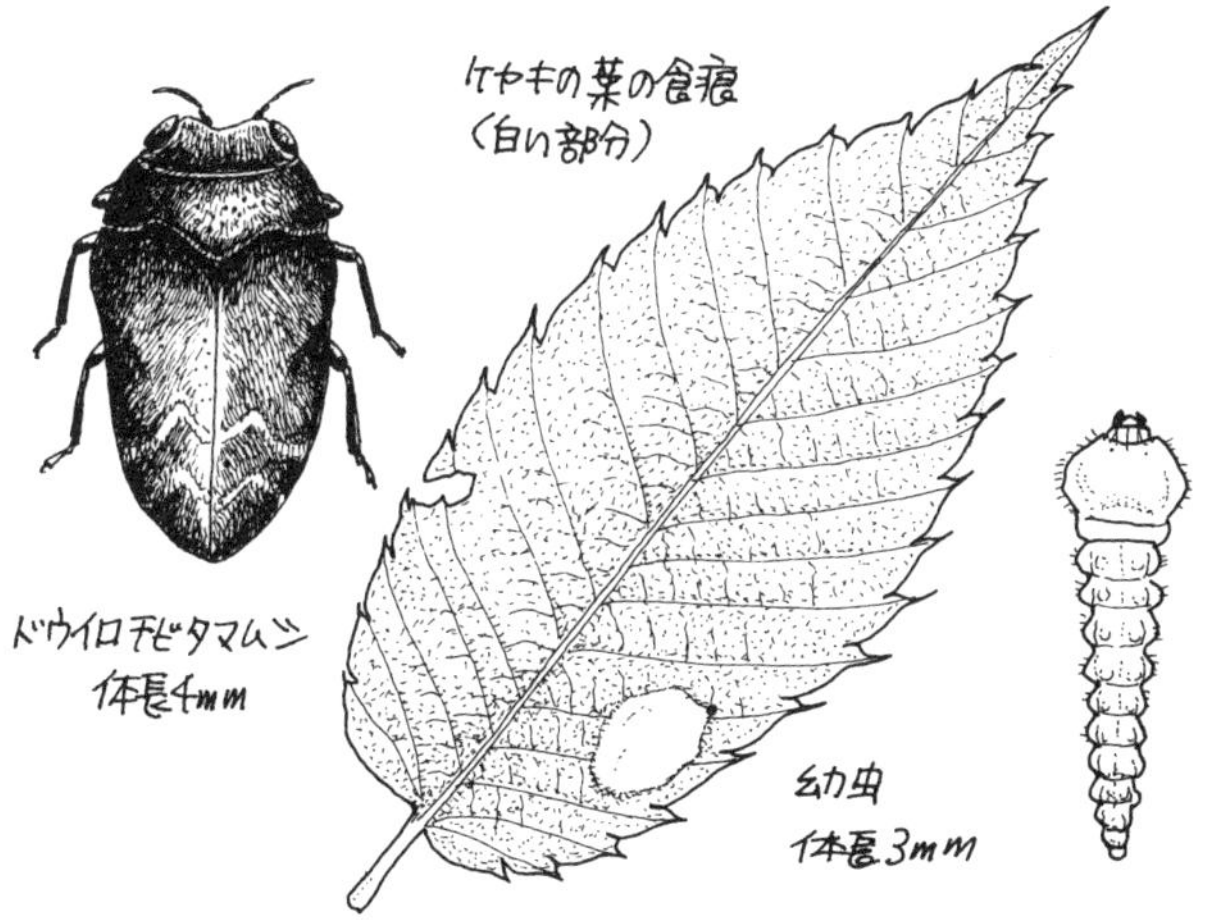
ケヤキの葉の食痕
（白い部分）
ドウイロチビタマムシ
体長4mm
幼虫
体長3mm

大きなアリの正体

【ムネアカオオアリ】

春の一時期、繰り返し持ってこられる虫がいる。

「すごいものみつけた」。カオリはそう言って持ってきた。カオリが「すごいもの」を持ってきたのは5月16日のこと。別の年、ナミが「グラウンドで見つけた」と言って持ってきたのは4月30日。同年5月8日には、ポンも持ってきた。

この「すごいもの」とは大きなアリだ。ムネアカオオアリの女王アリで体長14㎜になる。ムネアカオオアリは、名のとおり胸が赤く、働きアリでも体長8㎜になるが、女王はひときわ大きい。

「女王がなんでこんなところにいるの？」

その虫の正体を聞いて、かえってナミは不思議そうに聞き返す。「女王って巣の中にいるんじゃないの？」と。

春のこの時期は、ムネアカオオアリの新女王が新しい巣作りのために飛び出す時期なのだ。巣から出た新女王と雄はともに翅を持っている。そして巣外で交尾をする。その後、雄アリは短い生涯を終える。一方の新女王は翅を落とし、新しい巣作りを始める。

なかには何匹かの女王が共同で巣作りを始める種もあるが、多くのアリは、多数の働きアリを抱えるコロニーも最初は1匹の女王アリから始まる。女王は巣に適した場所に行き当たると産卵し、最初の働きアリを育てあげる。このとき彼女と子供たちを養うのは、女王の体内に蓄えられた栄養分で、いまや不要となった飛ぶための筋肉もそれに充てられる。そして働きアリが羽化した後、女王アリはようやく産卵に専念するようになる。やがて新女王や雄も巣の中に産まれてくることになる。ムネアカオオアリの女王の寿命はわからないが、一般にアリの女王の寿命は10年ほどだという。

「えー、じゃあ産み分けられるの？　雄を産みたいとか考えて」

女王アリの説明を聞いたカオリは感心してそう言う。別に「考えて」いるわけじゃないだろうが、確かに雄アリと雌アリ（新女王、働きアリ）を産み分けている。このしくみは別に書いたハチの産み分けの方法と同じものだ。アリはハチと同じ目の親戚同士だ

季節は変わって、冬の雑木林で朽木に潜む虫探しをヤスダ君とやっていたときのことだ。「大きなアリがいる」。ヤスダ君の声で見にゆくと、マツの朽木の中に女王とともにムネアカオオアリのコロニーがあった。それはアリとしてはごく小規模のコロニーに思えた。巣分かれしていった女王は、こんなところに落ち着いていたのだった。

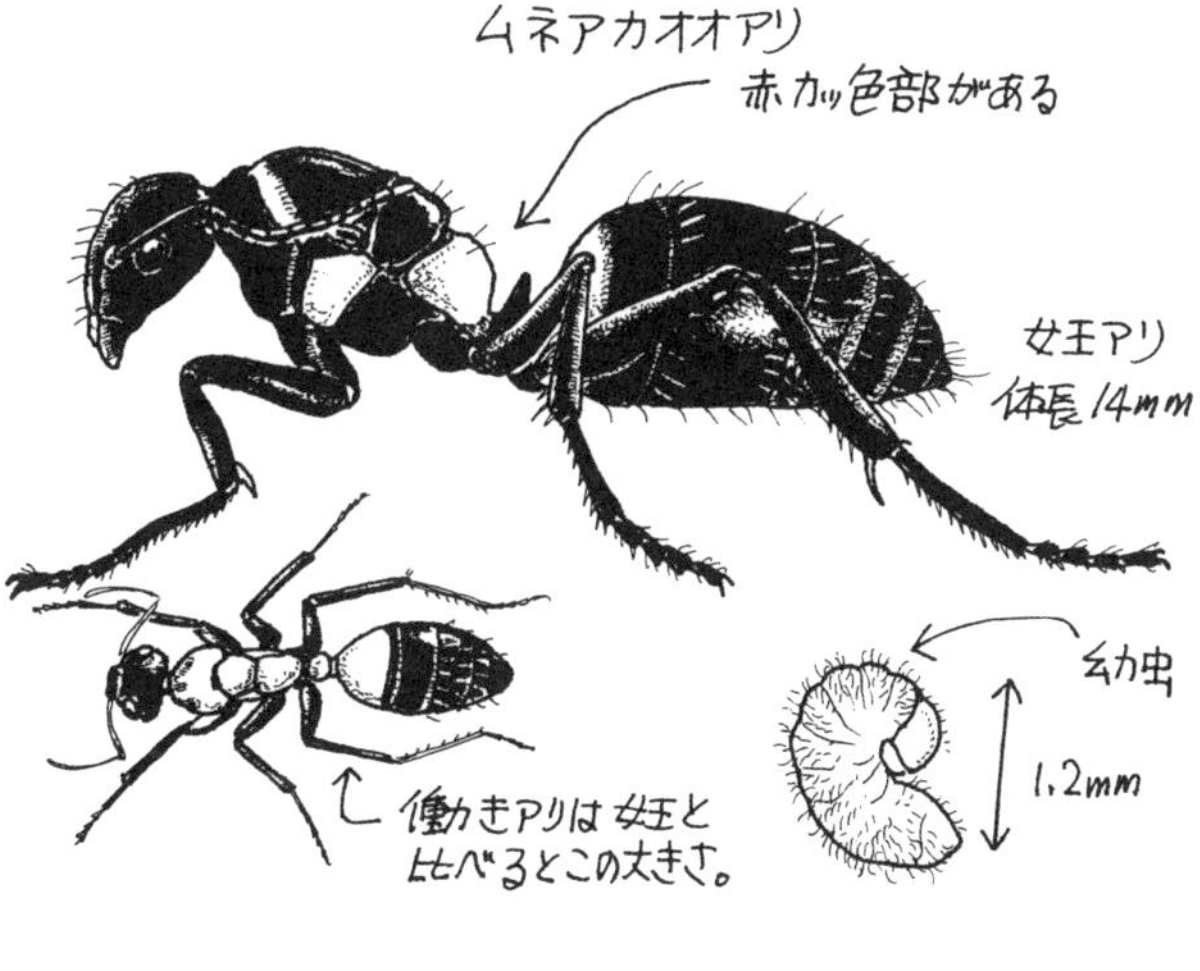
ムネアカオオアリ
赤カッ色部がある
女王アリ
体長14mm
幼虫
1.2mm
働きアリは女王と
比べるとこの大きさ。

カエルの泡？

【アワフキムシ】

「ねぇねぇ、カエルの泡ってあるじゃん。カエルの卵とかいうやつ。よく草とか木とかにくっついているの。あれ何？」

カヨがまた突然そう聞いてきた。

「モリアオガエルっていう木の枝に卵塊を付けるカエルもいるけど、カヨの見てるのは虫の泡だよ。アワフキムシっていう虫の泡」

「えーっ？　作ったような名前だね。その泡って虫のヨダレ？」

「ヨダレというよりオシッコだな」

「サイアク。カエルの卵と思って大事にしてたのに。なんで泡作るの？」

アワフキムシはセミやウンカの仲間だ。成虫はセミを小さくしたような形をしていて、ストロー状の口で植物の汁を吸って暮らしている。その幼虫が、生徒たちの思うところの「カエルの泡」を作り出す。

アワフキムシの幼虫は成虫から翅をとって、少し弱々しくしたような感じだ。そしてやはり植物の汁を吸って暮らしている。

「泡取ったら死んじゃう？」

リョウコがそう尋ねたことがあった。

カラムシの葉裏で泡を作っていたアワフキムシの幼虫から、泡を全部すい取って試してみた。泡を取られた幼虫は、しばらくするとうろうろし始め、約10分後にはもといた葉のもう一枚上の葉の葉脈上に落ち着いた。そして尻をひくつかせていたが見ている間に体の下面から泡ができ始め、徐々に体を覆っていった。葉に落ち着いてから、体がすっぽり泡で覆われるまで10分少し。わりと素早く泡を再生できるのだ。

泡の成分を研究した人によると、泡の原料は水、脂肪、タンパク質、アンモニアなど。アルカリ分と脂質を反応させ泡を作っているという点では、セッケンと同じ原理だ。あの泡は一種のシャボン玉なのだ。普通のシャボン玉よりも泡が丈夫で長もちなのは、タンパク質が加えられているからという。泡の原料のうち水分は、幼虫が植物から吸ってオシッコとして出したもの。これに、腹部の背中側にある分泌腺からの成分と、気門から出す空気を混ぜて泡を作る。

アワフキムシの幼虫は、泡を取ってもすぐに死んだりはしない。しかし、この泡は一種のカクレミノだろう。だからむき出しにしたままにしておけば、捕食の可能性が高まるに違いない。またずっとこんな泡の中で暮らしているのだから、この幼虫は水生昆虫である、という人もいる。自分で棲みつく水辺まで作っちゃう虫はそうもいないけど。

アワフキムシ

植物の汁を吸ってくらす虫。
自身の排出液から泡の巣を作り出し、中にひそむ。

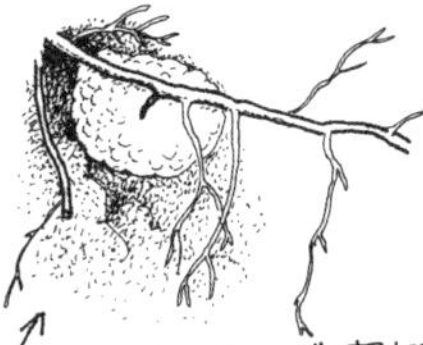

土手から出たスギの根についたアワフキムシの泡
植物の根につく種類もいる。

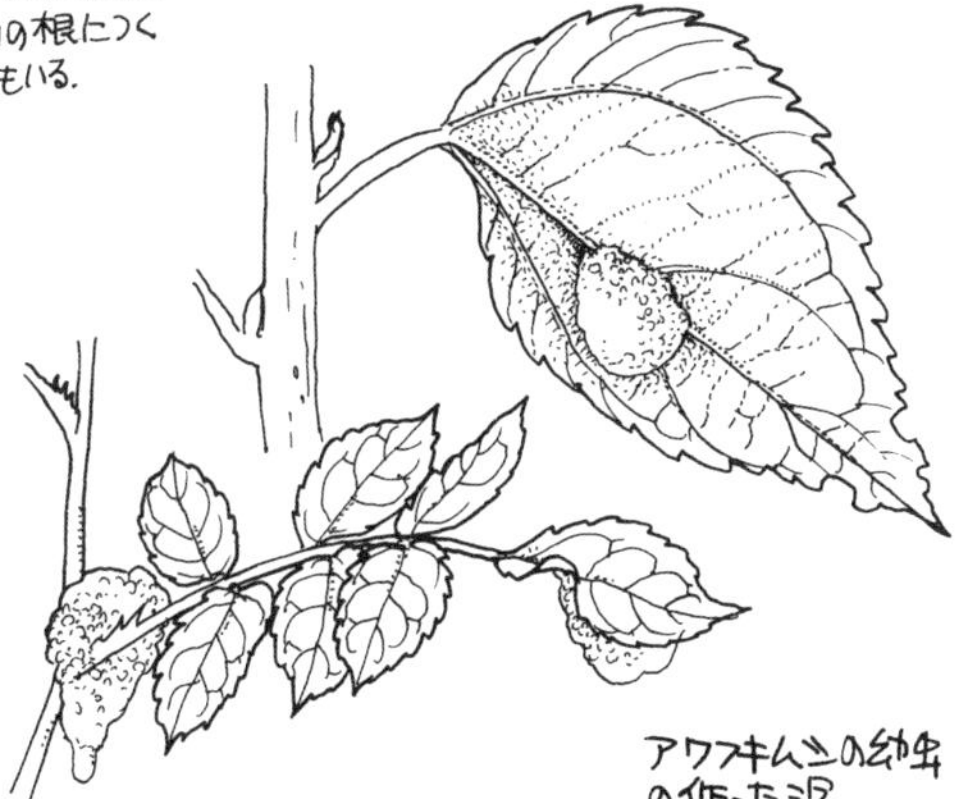

アワフキムシの幼虫の作った泡

アワフキムシの幼虫

超音速で飛ぶ?【シラミバエ】

4月のある日、ハマシマがやってきて「この虫何? あまりに怪しい形をしているので持ってきた」と言う。スクールバスのバス停でふと見たら地面にいたのだ、と言う。「これ超音速で飛ぶ?」とも言うので笑った。

ハマシマが拾ってきたのはイワツバメシラミバエといってイワツバメに体表寄生する虫。この虫は超音速で飛ぶどころか、まったく飛ぶことができない。翅が退化してしまっているのだ。ただ、翅の退化の度合いが中途半端で、ちょうど超音速ジェット機の翼のような形をしているのだ。

僕が最初にこの虫に出会ったのは、鳥の調査をしているオカザキさんと知りあったことがきっかけだった。オカザキさんがイワツバメの捕獲調査をするときに同行させてもらったのだが、そのときに「大きなダニがいるから気をつけて」と言われたのだ。それが見てみるとこのシラミバエ。捕まえたイワツバメの体表をシャカシャカと動きまわっていた。それにしても高速で飛ぶ虫食性の鳥の上に、こんな飛べない虫がくっついているなんておもしろい。そしてこの虫の仲間は吸血性だ。ただ試しに手の指に乗せてみたものの、いっかな僕の血を吸う気配は見せなかったけれど。

オカザキさんが再びイワツバメの調査をすると聞いて、僕はシラミバエを捕まえておいて、とお願いをしておいた。確かめてみたいことがあったのだ。というのも鳥に体表寄生するこのハエは、蛹生類と本にあったのだ。つまりこのハエの幼虫は母親の体内で育つ。そして母親はいきなりさなぎを生んでしまうというのである。こんなことってあるのだろうか。オカザキさんにもらったシラミバエをフィルムケースに入れておいたら、なんとコロコロとした種子のようなさなぎを本当に産んだ。そして1カ月したら、そのさなぎが立派に成虫になって羽化した。この目で見ても何か信じ難い光景だった。

フィルムケースにシラミバエを何匹か入れていたのだが、なかには幼虫を産むものもあった。しかしこの幼虫はやがて死んでしまった。環境急変下での流産らしい。野外ではこうして産み出されたさなぎはイワツバメの巣内に落ちるようだ。片岡宣彦さんの調査によると、ひとつの巣から34個もさなぎが出てきた例がある、という。イワツバメの繁殖期中のさなぎは1カ月で羽化するものの、ツバメたちが南へ渡ると、シラミバエのさなぎは巣中で越冬しツバメの渡来を待つ。

ハマシマはたまたま足を滑らせたドジなハエを見つけたのだが、よくまあ気がついたものだ。

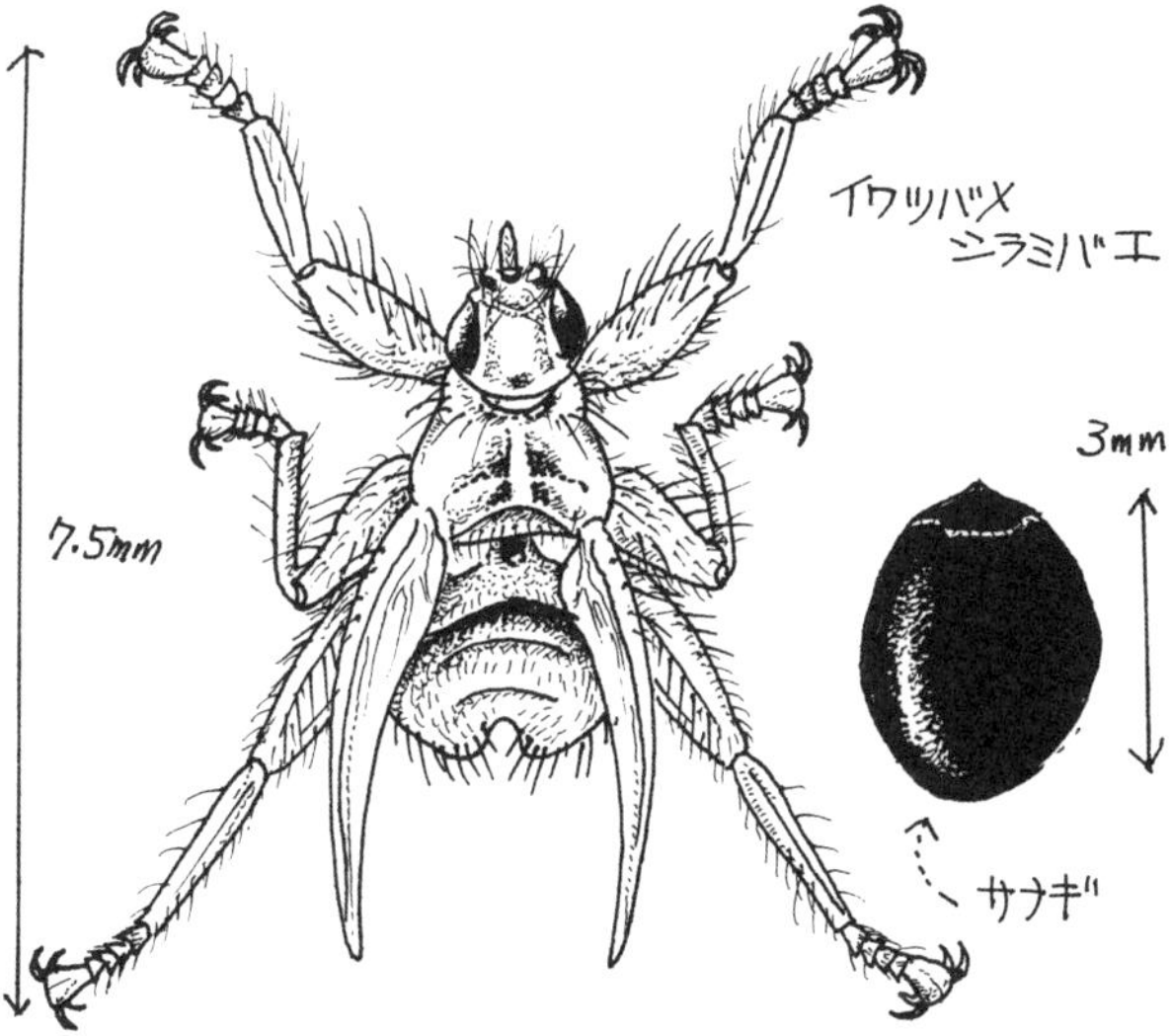
イワツバメ
シラミバエ
7.5mm
3mm
サナギ

ユキムシって何？【アブラムシ】

「サヤカの質問。ねぇ、シロバンバとかユキムシって何なの？」

11月末、サヤカとそんな話になる。

ちょうどその前日、ミカコが1匹のユキムシを持ち込んできていた。晩秋、白い小さな虫がふわふわと飛び交い、人々はそれに冬を告げる虫としてユキムシという名をつけた。井上靖の小説『シロバンバ』に出てくる虫も同じものので、これらはともにこの虫の俗名だ。その正体はアブラムシの仲間のワタムシ類の有翅虫。そのなかでも北地のトドマツの根とヤチダモの葉を棲みかとするトドノネオオワタムシが代表だ。僕の学校周辺にはトドマツはないから、この虫はいない。小さなワタムシ類がときにチラチラと飛ぶ様を見かけるぐらいなので、多くの生徒は気にもしない。

「アブラムシに翅が生えるの？　どんな条件で翅が生えるの？」

サヤカは続いてこう聞いてきた。

アブラムシは庭のプランターの植物にも気がつくとわらわらたかっていて驚くことがある。でもあの小さくて柔らかい虫に翅なんてあったっけとサヤカは言う。ただそのプランターの植物にやってきた最初のアブラムシは翅がなければやってこれないはずだ。アブラムシは成虫に有翅のものと無翅のものが交互に出るのだ。トドノネオオワタムシなら一年に2回、季節を決めて有翅タイプが出現する。そして晩秋がその時期のひとつである。

寄生植物に取りついたアブラムシは子供を産む。胎生なのだ。しかも雌だけでどんどん子供を産む。クローンが増えている、と考えればいい。このやり方で爆発的に数を増やしていくのである。こうした無性生殖で増えているときのアブラムシには翅がない。彼らは移動期と増殖期を一生のなかではなくて、世代のなかで使い分けている。

アブラムシは分身の術をこうして得意とするものの、これまた一年の中で1度、雄が出現し有性生殖を行なう。そしてこのとき交尾した雌のアブラムシは子供ではなく卵を産む。温帯の日本では冬という厳しい季節が巡ってくる。この冬を、卵という悪環境に強い状態で乗りきるのだ。

アブラムシの卵の中でいちばん見やすい種類は、クリノオオアブラムシのもの。晩秋、クリの幹を見てゆくと、びっしり固めて産みつけられた黒い卵を見ることができる。結局アブラムシは、有翅、無翅、胎生、卵生と同じ種のなかでもさまざまな役割分担があるということだ。そして僕らがふだん見ているアブラムシは、そのうちの一部分にしかすぎない。

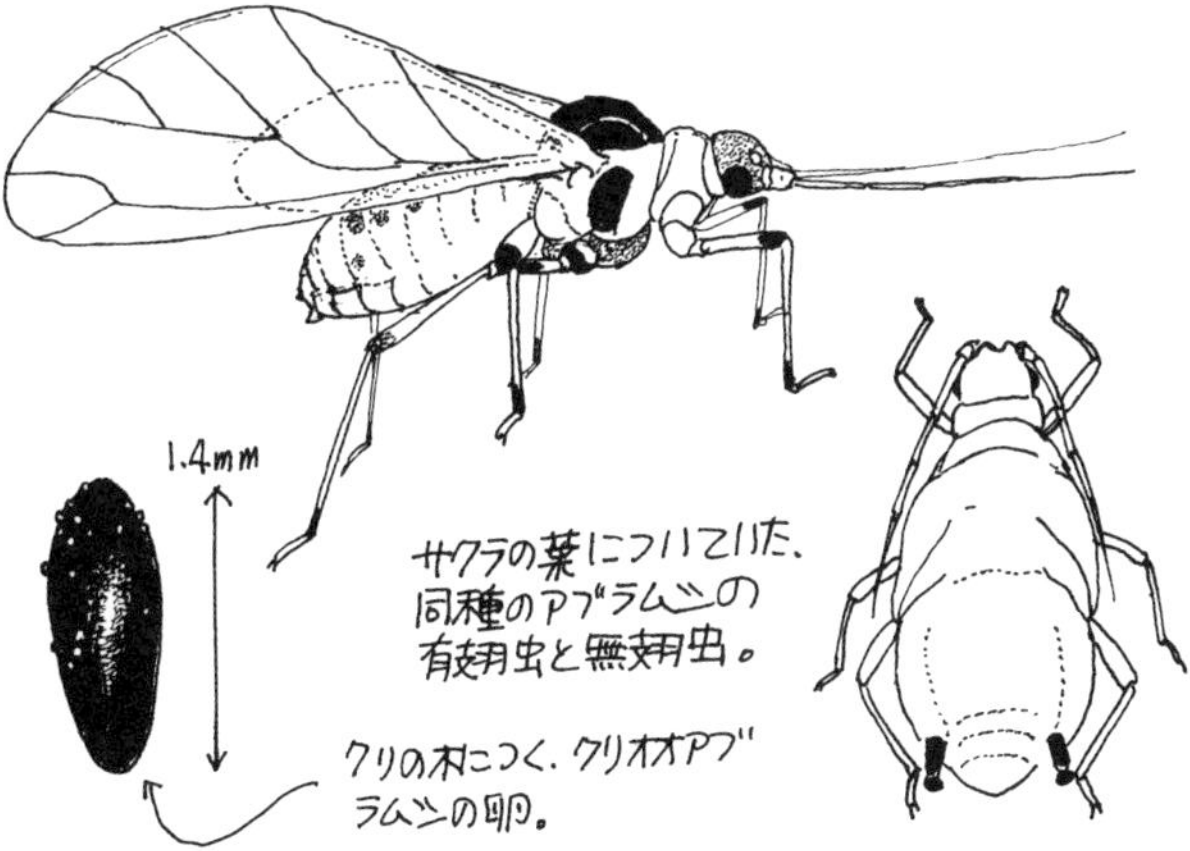
1.4mm
サクラの葉についていた、
同種のアブラムシの
有翅虫と無翅虫。
クリの木につく、クリオオアブ
ラムシの卵。

ハチ＋カマキリ＝？

【カマキリモドキ】


「違う虫同士ってかけ合わせられるの？　たとえばハチとカマキリとか」

アズが僕にそう聞いてきた。

「そりゃ無理だよ」と答える。でもよくよく聞くとアズがそう思ったのには理由があった。「ハチとカマキリがかけ合わさった虫を見たの。新種かと思った」と言うのである。周りで聞いていたほかの生徒たちは「えっ、そんなのいるの？」と驚いている。

「ハチとカマキリがかけ合わさった虫」

僕は心当たりがあったので、手近な図鑑でそれらしき虫のページを開いた。

アズは「これ、これ」とそのページの虫を見て声を上げた。

この虫はカマキリモドキという。

透明な翅に黒と黄の胴体は確かにハチに似ていなくもない。実は僕も台湾でカマキリモドキの一種を見たとき、てっきりアシナガバチだと一瞬見誤ったことがある。そしてこの虫の前脚は名のとおりカマキリのカマ状をしているのだ。

カマキリモドキはヘビトンボやウスバカゲロウの仲間だ。そして成虫はその脚を使って小型の昆虫を捕食する。普段はあまり目にとまらないかもしれないが、夜家の明かりに飛んでくることもある。

カマキリモドキは成虫も確かに変わっているが、もっと変なのはその一生だ。

あるとき、越冬しているハエトリグモを顕微鏡を使ってスケッチしていたら、その背中に小さな幼虫が取りついているのに出くわしたことがある。そしてこのときはこれが何という虫で、はたまたなんでこんなところにくっついているのかさっぱりわからなかった。

この謎の虫が実はカマキリモドキの幼虫だったのだ。

秋、カマキリモドキの幼虫は卵から孵化すると、通りかかったクモの体にしがみつく。そして何も食べずにそのままクモと一緒に越冬するのだ。翌年になってそのクモが産卵をすると、幼虫はやっと腰を上げその卵塊に忍びこみ卵を食べて育つのである。

ただカマキリモドキの幼虫が卵を食べるクモは、なんでもいいというわけでもない。となると無事クモの背に取りついても成長できない場合もあるということになる。

「確率少なそうだね。減っちゃわないの？」

この話を聞いたキッキはそう僕に言う。かといってカマキリモドキは探してみるとそう少ない虫でもない。そこのところはやっぱり謎だ。

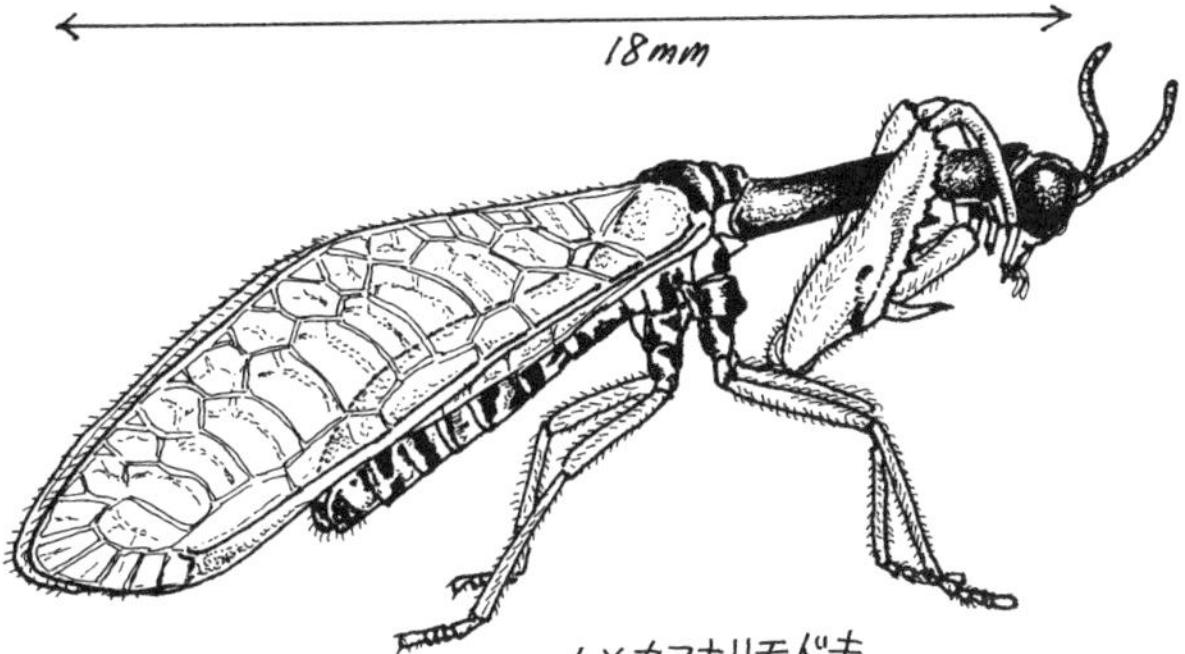

ヒメカマキリモドキ

カマキリの寄生虫

【ハリガネムシ】

「あのさ、実はさっきから気になっていたんだけど、後の水槽の中で揺れてる細長いものは何なの？」

個人面談も終わりになったころ、オーノがおずおずとこう聞いてきた。彼と対面に座る僕の背後にはひとつの水槽が置かれていた。その水槽の中の気になるものが彼の目にとまったのだ。「ああこれ？　寄生虫だよ」「エッ？キセイチュウ？　寄生虫がなんで水槽の中にいるんだ？」彼の疑問もしごくもっともだ。

「これ、何？　校庭のところのつぶれたカマキリのおなかから、ビシュッと出てたんだけど」

秋になるとときおりこんな報告が持ち込まれる。カマキリのおなかに棲む、細長い体をした寄生虫、ハリガネムシに関する報告だ。

「カマキリの腹を押すといるのわかるんだよ。そしてぐりぐりすると、カマキリのしっぽから顔が出てくる。それを引っぱって取り出して小さいころ遊んだよ」。セオは僕もやったことがない、こんな体験を教えてくれた。ただ、ハリガネムシは成熟すれば自分からカマキリの体外へ脱出する。

「寄生虫って寄生してるやつから栄養とるんでしょ。外へ出てどうするの？」持ち込まれたハリガネムシを前に、ゲンたちはそう僕に尋ねた。確かに一般の寄生虫のイメージはそうだ。が、ハリガネムシがいっぷう変わっている点はここにある。脱出したハリガネムシは近くに水場があれば、その中へと入ってゆく。僕が水槽で「飼って」いたハリガネムシも、近くの川へ生徒たちと魚を捕りに行った際に、偶然川の中で見つけたものなのだ。そして捕ってきて水槽に入れた後も、確かに水中で元気にのたくっていた。なぜ彼らが水中に入ってゆくのかといえば、それは彼らのライフサイクルと関わっている。ハリガネムシは水中で微小な卵を産み、そこから孵化した幼虫が一度水生昆虫の体内に入り、それが運よくカマキリに食べられるとその体内で成長する、という一生を送るのである。だからハリガネムシの成虫がカマキリから脱出するのは産卵のため。寄生虫である彼らは、水中に入ってからはいっさいエサをとらず、したがって水槽で飼うといってもただ放り込んである、というのが実体だった。

水槽での産卵シーンを期待していたのだが、やがてこいつは産卵せず死んでしまった。このとき僕はひとつ気づいていないことがあった。ハリガネムシにもちゃんと雌雄があったのだ。となると、今度は2匹のハリガネムシを水槽に入れて、とも考えたけど、雌雄をどう見分けたらいいのだろう。

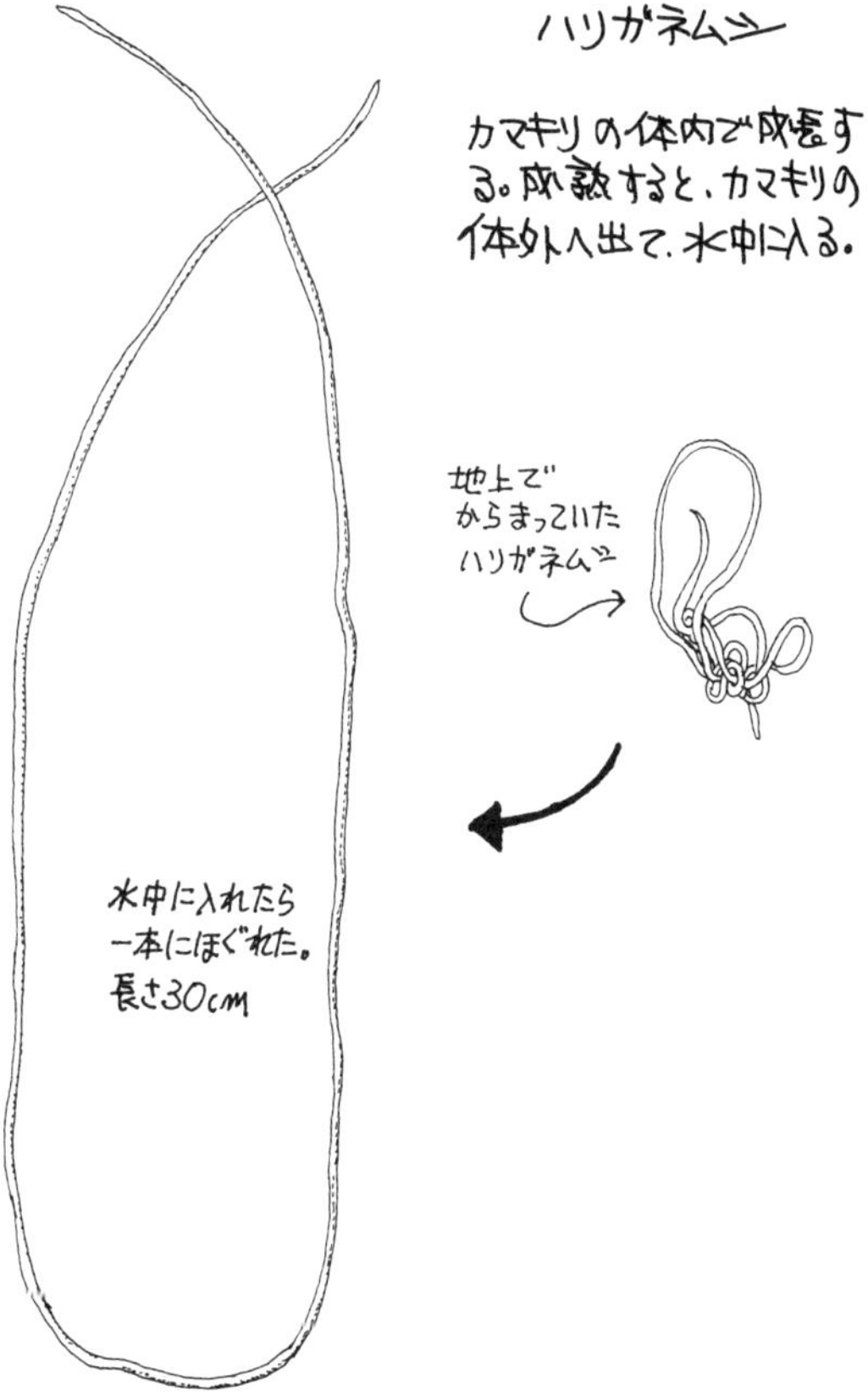
ハリガネムシ
カマキリの体内で成長する。成熟すると、カマキリの体外へ出て、水中に入る。
地上でからまっていたハリガネムシ
水中に入れたら一本にほぐれた。長さ30cm

虫コブって何？【ヌルデシロアブラムシ】

中1のときからアカリはときどき理科研究室にやってきた。彼女がある日「これ、なーに」と持ち込んだのは、枝状のものについている、ごつごつとしたカタマリだった。

ヌルデの葉に作られたヌルデシロアブラムシが作ったヌルデミミフシという虫コブ。アカリの持ってきたものの正体はそれだ。でもこの文章は、知らない人が読んだらほとんど呪文だろう。

虫コブというのは虫が植物に寄生して生じる。虫に寄生されたことで、植物の体が異常に変形したものが虫コブだ。植物によって虫によって、できる虫コブの形は一定なので、その虫コブにも名前がちゃんとついている。いちばん普通に見られるものは、葉っぱの表面に球状の虫コブがついているタイプだ。ケヤキの葉には、よくそうした虫コブがついている。そして割ってみると中が中空になっていて、その中に、犯人のアブラムシがいるのも見ることができる。

虫コブの犯人はアブラムシだけではない。リョウコが「これ実？　外で見つけてきたからプレゼント」と言って僕にくれたのは、クリの新芽がふくらみ、紫色に色づいた虫コブだった。虫コブの名はクリメコズイフシで犯人はクリタマバチだ。また、ユウが「親が持っていけって」と言って届けてくれたのが、ニシキウツギの芽がふくれたウツギメタマフシ。犯人はウツギメタマバエだ。アブラムシ、ハチ、ハエが虫コブ作りの三大巨頭だが、ほかにもゾウムシやガにも虫コブを作るものがあるし、ダニや細菌やカビも作る。（虫以外が犯人のときもあるので虫コブといわず、ゴールという呼び方をすることも多い）。

虫コブの正体を知らない人はこのように多いけれど、虫コブは人の生活とも関わっている。たとえば、天然の染色剤として「ふし」と呼ばれるものがあり、これは現在も市販されている。この「ふし」こそ、アカリの持ってきたヌルデミミフシなのだ。虫コブは虫の影響で植物が作りだしたものだが、形だけでなく成分も植物体のほかの部分と変化していることがある。ふしの場合は、タンニンの含有量がとても多い。そのため、このタンニン成分を溶かし出して染料とするのだ。この染料は服を染めるだけでなく、かつては既婚女性の風習だった、お歯黒のもとにもなった。そして江戸末期や明治期には、日本はこのふしを諸外国に輸出もしていたのだ。

ちなみに中国料理で使うマコモも、マコモの芽にカビが寄生し肥大したものを食用にしていて、これは食べる虫コブ（ゴール）といえる。

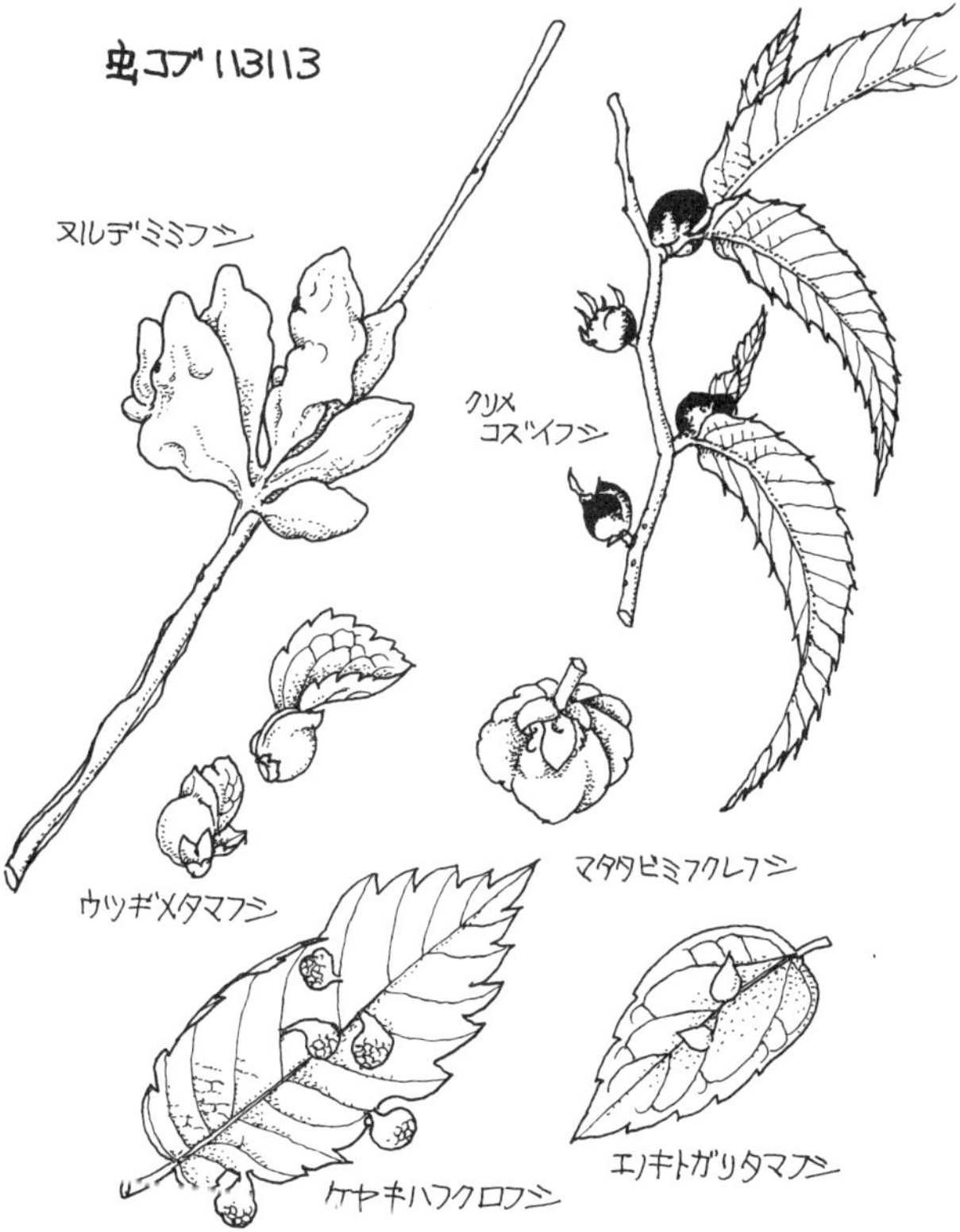
虫コブいろいろ
ヌルデミミフシ
クリメコズイフシ
ウツギメタマフシ
マタタビミフクレフシ
ケヤキハフクロフシ
エノキトガリタマフシ

初版あとがき

15年間勤めた埼玉にある自由の森学園中高等学校を退職し、現在僕は沖縄本島、那覇に開校したばかりの、珊瑚舎スコーレで講師をしている。

雑木林に囲まれた学校から、一転南の島の学校へ。

最初はかなり戸惑った。沖縄の虫といえばヤンバルテナガコガネの名はすぐ思い浮かぶ。でも沖縄にはミノムシはいるのかしらん――そんなことからしてわからなかった。名高い虫よりも普通の虫こそ、授業や日々の疑問に登場してくれるものなのに。

ある日珊瑚舎スコーレの生徒、アツシが1匹の虫を携えやってきた。

「これハチみたいに見えるけど何？」

彼がそう言って持ち込んだのはハチではなくてハエの仲間だった。「ナルホド」と思う。場所が変わっても、「生徒」という生き物はあんまり変わらないものだ。教室にハエの仲間が入ってきたのに、「ハチだ、ハチだ」と騒ぎになったことが自由の森学園でもよくあった。生徒たちが疑問に思うことは、埼玉でも沖縄でもそんなに違いはないのだ。だからこの本に登場してくれる生徒たちは、この両方の学校で出会った生徒を区別していない。

もちろん自然の中身は埼玉と沖縄ではずいぶん違う。今までは毎日コナラやクリの木を見ていたのに、それが今度はガジュマルになったのだから。しかしいちばんの違いを感じているのは別の点にある。自由の森学園は里山の真ん中にあったが、珊瑚舎スコーレは街中にあるという点だ。先にも書いたが生徒たちには違いはない。いずれも虫に関してのシロウトだ。ただ、里山の中の学校では、生徒はいやおうなしに虫に出会う頻度が高い。そしてこの出会いのなかから、思いもかけぬ発見が生まれることがたびたびあったのだ。

やっぱり子供たちは自然の豊かな場所にいたほうがおもしろいと思う（珊瑚舎スコーレも田舎へ引っ越すことを真剣に考えている最中だ）。

また別のある日、ユージが学校の階段のところへ来て、と僕を呼んだ。

「オオスカシバがいるよ」

彼はそう言って階段の天井付近を指さした。そこにはオオスカシバではなかったが、ホウジャクの仲間がホバリングしていた。ユージはなぜかオオスカシバという虫が小さいときから好きなのだという。そして言った。

「こいつもガの仲間なの？」

街中のビルの学校にも虫は来る。どこにいようと虫との出会いは、そして虫を通じて生徒との出会いも、またできるのだ。そうも思った。

最後に沖縄の虫についてさまざまな知識を与えてくれた杉本雅志さん、および埼玉時代からの野歩きの相棒で、本書の写真担当の安田守君に謝辞を捧げます。

二〇〇二年　一月

文庫の追記

思いもかけぬことだったが、本書が文庫版になることになった。読み返してみると、文章のアラがめだったりして、つい、あちこちに手を加えることとなった。それでも、自分で読み返してみて、生徒とのやり取りはおもしろいものだと再確認してしまった。

現在、僕は沖縄那覇市内の小さな私立大学へと職場を移した。所属をしているのは、小学校の教員養成課程のある学科だ。新しい職場では、大学生とやり取りを交わす日々である。が、それだけでなく、小学校に授業に出かけることもたびたびある。

「毛虫ってアシがいっぱいあるけど、ムカデの仲間なの？」

先日、小学校3年生に虫の授業をしにいったら、子供たちの中からこんな質問が飛び出してきた。「ああ、そんなふうに思っているんだ」と思う。もちろん毛虫はガの幼虫。つまりは昆虫なわけだけれど、どんな風に説明をしたら、子供たちに毛虫が昆虫だと納得してもらえるかを、あれこれ考える。そのことがまた、僕にとって、新たな虫への視点の獲得につながっていく。

教員になって30年以上がたつ。いまだに子供たちや生徒、学生たちの一言からの発見は続いている。

二〇一五年　一二月

盛口 満　もりぐち・みつる
1962年千葉県生まれ。昆虫少年として育ち、奥武蔵にある「自由の森学園」の理科教師を15年間勤める。生徒から呼ばれたあだ名「ゲッチョ」は生まれ故郷の方言でカマキリとトカゲのこと。沖縄移住後、NPO珊瑚舎スコーレの活動に関わる。現在は沖縄大学人文学部こども文化学科教授。著書に『昆虫の描き方』（東京大学出版会）、『ゲッチョ先生のイモムシ探検記』（木魂社）、『テントウムシの島めぐり』（地人書館）、『イヤ虫図鑑』（ハッピーオウル社）、『土をつくる生き物たち』（共著・岩崎書店）ほか。

＊本書は、OUTDOOR21BOOKS ⑨『教えてゲッチョ先生！ 昆虫の?が！になる本』（二〇〇二年二月、山と溪谷社刊）を底本として一部加筆・訂正し、再編集したものです。

カバー・本文イラスト＝盛口 満
写真＝安田 守
装幀・フォーマットデザイン＝高橋 潤
本文DTP ＝株式会社千秋社
編集＝単行本・文庫　岡山泰史　文庫　井澤健輔（山と溪谷社）

教えてゲッチョ先生！ **昆虫のハテナ**

二〇一六年二月五日　初版第一刷発行

著　者　盛口 満
発行人　川崎深雪
発行所　株式会社　山と溪谷社
郵便番号　一〇一・〇〇五一
東京都千代田区神田神保町一丁目一〇五番地
http://www.yamakei.co.jp/
■商品に関するお問合せ先
山と溪谷社カスタマーセンター
電話　〇三・六八三七・五〇一八
■書店・取次様からのお問合せ先
山と溪谷社受注センター
電話　〇三・六七四四・一九一九
ファクス　〇三・六七四四・一九二七

印刷・製本　株式会社暁印刷
定価はカバーに表示してあります

Printed in Japan ISBN978-4-635-04792-0